“玩”转数学

韩方廷◎编著

江蘇鳳凰教育出版社
Phoenix Education Publishing, Ltd

图书在版编目（CIP）数据

“玩”转数学 / 韩方廷编著． — 南京 ：江苏凤凰教育出版社，2018.10

ISBN 978-7-5499-7362-0

Ⅰ．①玩… Ⅱ．①韩… Ⅲ．①数学－青少年读物 Ⅳ．①01-49

中国版本图书馆CIP数据核字(2018)第111447号

书　　名	“玩”转数学
编　　著	韩方廷
责任编辑	雷利军　万晓文
出版发行	江苏凤凰教育出版社（南京市湖南路1号A楼　邮编210009）
苏教网址	http://www.1088.com.cn
照　　排	红十月图文设计有限公司
印　　刷	三河市九洲财鑫印刷有限公司
厂　　址	河北省三河市灵山大口
开　　本	787毫米×1092毫米　1/16
印　　张	13
字　　数	185千字
版　　次	2018年10月第1版　2018年10月第1次印刷
书　　号	ISBN 978-7-5499-7362-0
定　　价	42.00元
网店地址	http://jsfhjycbs.tmall.com
邮购电话	025-85406265，85400774　短信 02585420909
E － mail	jsep@vip.163.com
盗版举报	025-83658579

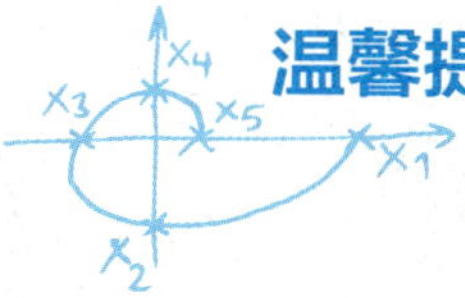

温馨提示

本书讲述了与数学有关的一些有意思的人以及他们背后的有趣的事，我相信你会阅读这本书。

本书没有繁琐的运算，更没有复杂的证明，尽量不使用抽象的数学符号，我相信你会喜欢这本书。

本书不需要你有高深的数学知识，更不需要你有极强的推理演绎能力，我相信你会读懂这本书。

本书的内容是你应该具有的数学文化底蕴，我相信这本书值得你读。

数学家说的都是“鬼话”，99%的人听不懂，本书是把数学家的“鬼话”翻译成“人话”，我相信你会翻开这本书。

如果把数学比作一位女子，本书只是告诉你，她高贵（科学的皇后）而不高冷，贤淑（一切科学的助手）而不闲散，美丽（简洁之美、和谐之美、奇异之美）而不肤浅，纯洁（抽象性、深刻性、普适性）而不简单。本书没有告诉你如何与她相处，也没有必要告诉你如何与她相伴。

我相信，你翻开了第一页，就会翻开第二页……当你翻到最后一页的时候，你会喜欢数学，你会爱上数学。

韩方廷

序

你可能因为在课堂上板演出一道别人都不会的数学试题，得到同学们的羡慕目光而喜爱数学；你也可能对某一道数学题有一个新颖的想法或解法，得到老师的表扬而喜爱数学；你也可能因为一道题挑灯夜战，冥思苦想不得其法，山穷水尽疑无路，而在某一时刻豁然开朗，柳暗花明又一村，而喜爱数学；你也可能因为某一次数学考试不小心考了满分或第一名而喜爱数学；你也可能因为你的数学老师酷帅或靓丽，是老师的“铁粉”而喜爱数学……然而对于大部分人来说，说到数学，是谈虎色变的，是心有余悸的，是感到枯燥的，甚至因为面临智力的挑战而对数学是爱恨交加的，而且恨多于爱。然而，数学是我们每一个人成长道路上都绕不开的一道坎，在我们人生的每一个重要关口都有它的影子，所以不论它是魔鬼还是天使，我们都不能置之不理。

数学体系具有简洁性与严谨性，数学结论具有可靠性与普适性，数学方法具有有效性与便利性，数学思想具有科学性与深刻性，所以我认为，数学是一位聪慧、可爱、纯洁、高雅的小姑娘。数学是人类智慧的结晶，是打开科学大门的钥匙，所以数学是聪慧的。数学与我们的生活息息相关，随着人类的产生而产生，随着人类的发展而发展，所以数学是可爱的。数学简洁而深刻地描绘了复杂的自然现象与社会现象的本质，是高度抽象的，是确定、简约的，所以数学是纯洁的。数学又是无冕之王，任何一门学科只有在成功地运用了数学时才算达到了真正完善的地步，所以数学是高雅的。

今日，中小学学生所学的数学内容基本上是17世纪以前的初等数学知识，而大学数学系学习的大部分内容则是17、18世纪的高等数学知识，这些数学教材是在科学性与教育性相结合的原则指导下，经过反复修改而编成的，是将历史上的数学材料按照一定的逻辑结构和学习要求加以取舍而编纂的知识体系，这样就必然舍弃了许多数学概念和方法形成的历史背景、知识背景、演化历程以及导致其演化的各种因素，因此仅凭数学教材的学习，难以窥得数学的原貌和全景，同时忽视了那些被历史淘汰的、但对现实或许有用的数学材料与方法。

编著本书的出发点就是弥补这方面的不足，让教科书的内容活起来，这样便可以激发学习者的兴趣，也有助于学习者对数学概念、方法和原理的理解与认识的深化。

编著本书的目的，是让每一个学习数学之人，能欣赏数学之美，品味数学之趣，感受数学之妙，领略数学之奇，增加数学文化底蕴，提高学习数学的兴趣。

本书的内容力求富有知识性、科学性、思想性、趣味性和应用性。数学就像浩瀚无垠的大海，包罗万象，而本书只是在海滩上拾取了一些美丽的贝壳，这些靓丽的贝壳会让你发现，数学是有用的，必须学习；数学是美丽的，值得学习；数学是有趣的，可以学习；数学是奇妙的，令人喜欢学习。

达完美而难得，臻至善为我求，恳请读者对本书提出宝贵意见，万分感谢！

韩方廷

目 录

contents

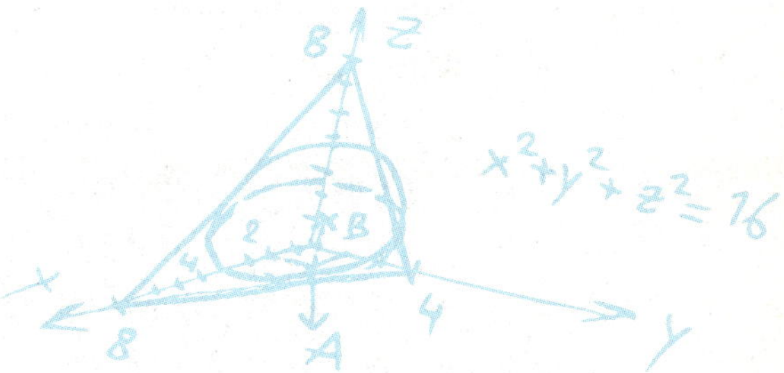

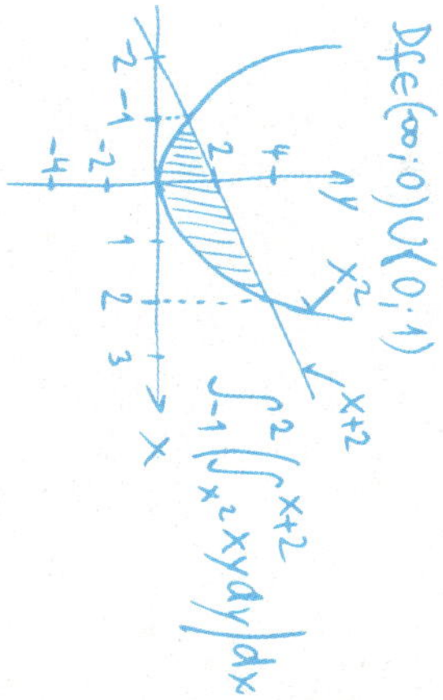

$e^2-xyz=e;A[0;e;1]$

$$R_0=\frac{\sqrt{1000}}{3\sqrt{\pi}}\approx\frac{10}{\sqrt[3]{\pi}}\approx 7$$

$A+B+C=8$
$-3A-7B+2C=-10,3$
$-18A+6B-3C=15$

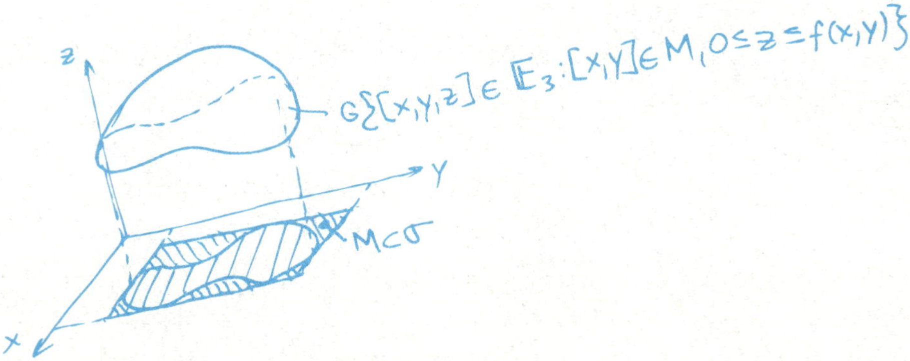

$$R_0=\frac{\sqrt{1000}}{3\sqrt{\pi}}\approx\frac{10}{\sqrt[3]{\pi}}\approx 7$$

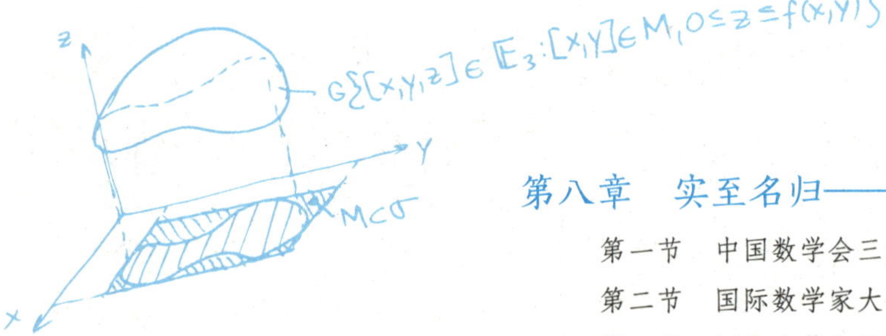

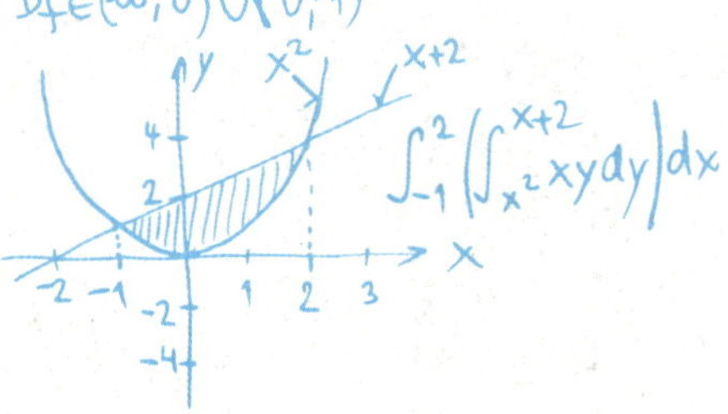

第一章 邂逅神秘
——初识数学

揭神秘之面纱，追根本之渊源，识神奇之传承，得真实之面貌。

当我们刚刚学会说话的时候，父母就教我们数数。从幼儿园或小学一年级开始，我们就开始系统地学习数学。从此，数学与我们形影不离，几乎是天天学、月月测、年年考，数学成绩的好坏几乎与学习成绩的好坏成正比。数学没有征求我们的意见，就与我们结下了不解之缘，让我们避无可避，其中，少部分人结的是善缘，会真心地喜爱数学，而太多的人结的是恶缘，看到数学就烦，有时也连累了那些可爱的数学教师。那么，究竟数学是什么呢？我们虽然与之朝夕相处，但我们真的知道数学是什么吗？

就让我们一起来揭开数学的神秘面纱吧！

第一节 数学是什么

数学是研究现实世界的数量关系和空间形式（数与形）的科学。

——恩格斯

恩格斯，德国思想家、哲学家、革命家、教育家，全世界无产阶级和劳动人民的伟大导师，马克思主义的创始人之一。

如果把数学看成一棵树，那么它就是一棵参天大树，它的根深深地扎在我们的现实世界中。

这棵树是如此之古老，它随着人类的产生而产生。

这棵树是如此之常新，它年年都在生发新枝。

这棵树是如此之繁茂，它已伸展到我们生活的方方面面。

那么，什么是数学呢？人们对数学的认识，是随着时间的变化而变化，随着时代的发展而发展的。

一、古代对数学的认识

古希腊的亚里士多德认为：数学是研究数量的科学，“数是一种离散的数量”，“线是一种连续的数量”。研究数及其属性（如奇偶性、对称性以及比例关系等）的学问叫作算术，研究量及其属性（如对称、相交、平行等）的学科叫作几何学。

二、19世纪以前对数学的认识

在19世纪以前，古典数学的主要成就是算术、几何、代数和微积分。这些数学学科所研究的都是客观事物的空间形式和数量关系，所以恩格斯给数学下了这样的定义：数学是研究现实世界中的数量关系和空间形式（数与形）的科学。也就是说，数学是数和形的学问。它有两个主干，一曰形——几何，二曰数——代数。

几何：研究空间形式的科学，视觉思维占主导，培养直觉能力与洞察力。

代数：研究数量关系的科学，有序思维占主导，培养逻辑推理能力。

这两者相辅相成，没有直觉就没有发现，没有逻辑就没有证明。借助直觉发现的命题，要借助逻辑加以证明。庞加莱说："逻辑可以告诉我们走这条路或那条路保证不遇到任何障碍，但是它不能告诉我们哪一条道路能引导我们达到目的地。为此，必须从远处瞭望目标，而数学教导我们瞭望的本领是直觉。"英国数学家阿蒂亚说："几何直觉是增进数学理解力的很有效的途径，而且它可以使人增加勇气、提高修养。"

如果只研究数与形，那是静态的，属于常量数学的范围，所以只研究数与形是不够的，必须研究大小与形状是如何改变的，这就产生了微积分。微积分的延伸是无穷级数、微分方程、微分几何等。

恩格斯关于数学的定义是经典的，概括了当时数学的发展，即使在目前也概括了数学的绝大部分内容。在19世纪末，数理逻辑诞生了。于是，人们又开始考虑数学的新定义。

三、现代对数学的认识

布尔巴基学派认为，数学是研究抽象结构的科学。他们用结构的观点看待数学，认为最普遍、最基本的数学结构有代数结构、顺序结构和拓扑结构，这是三个母结构，此外还有各式各样的子结构，由母结构和某些子结构一起形成某个数学分支的结构。

俄罗斯著名数学家亚历山大洛夫在《数学：它的内容、方法和意义》一书中指出，数学以纯粹形态量的关系和形式作为自己的研究对象。

大部分数学家认为，数学是关于模式和秩序的科学。我们生活在一个由诸多模式组成的世界中，春有百花秋有月，夏有凉风冬有雪，一年四季往复循环；世界上没有两片完全相同的雪花，但所有的雪花都是六角形的。人类的心智和文化为模式的识别、分类和利用建立了一套规范化的思想体系，它就是数学。通过数学建立模式，可以使知识条理化，并揭示自然界的奥秘。

还有不少数学家认为，只要扩充对有关数量关系和空间形式的理解，恩格斯的数学对象观仍然适用于现代数学。

目前，《义务教育数学课程标准（2011年版）》（以下简称新课标）把恩格斯对数学的定义中的“现实世界”去掉了，即“数学是研究数量关系和空间形式的科学”。

这些观点从各个不同的侧面，对数学的对象进行了较好的概括，在本质上是不矛盾的。既然人们尚未找到有关数学的更加确切、更为大众所接受的说法，我们也就采用了新课标中的说法——数学是研究数量关系和空间形式的科学。

总之，就如新课标的前言中所说：数学与人类发展和社会进步息息相关，随着现代信息技术的飞速发展，数学更加广泛地应用于社会生产和日常生活的各个方面。数学作为对于客观现象抽象概括而逐渐形成的科学语言与工具，不仅是自然科学和技术科学的基础，而且在人文科学与社会科学中发挥着越来越大的作用。特别是20世纪中叶以来，数学与计算机技术的结合在许多方面直接为社会创造价值，推动着社会生产力的发展。

第二节 数学的特点

世界第一次目睹了一个逻辑体系的奇迹，这个逻辑体系如此精密地一步一步推进，以致它每一个命题都是绝对不容置疑的——我这里说的是欧几里得几何。推理的这种可赞叹的胜利，使人类的理智获得了为取得以后成就所必需的信心。

——爱因斯坦

爱因斯坦，著名的犹太裔物理学家。

数学起源于人类最早的生产和生活实践活动，逐渐抽象并发展成系统的科学。数学区别于其他学科的显著特点是内容的抽象性、应用的广泛性、推理的严谨性和结论的明确性。

数学虽不研究事物的质，但任何一个事物都必有量和形，所以数学是无处不在、无时不用的。两种事物，如果有相同的量或形，便可以用相同的数学方法，因而数学必然也必须是抽象的。严谨的推理和一丝不苟的计算，使得每一项数学结论都不可动摇，是人类巨大的精神财富。爱因斯坦评价欧氏几何："世界第一次目睹了一个逻辑体系的奇迹，这个逻辑体系如此精密地一步一步推进，以致它每一个命题都是绝对不容置疑的——我这里说的是欧几里得几何。推理的这种可赞叹的胜利，使人类的理智获得了为取得以后成就所必需的信心。"

首先，它追求一种完全确定、完全可靠的知识。如在欧氏几何中，三角形内角和为180°，这绝不是说“在某种条件下”“绝大部分”三角形的内角和“在某种误差范围内”为180°，而是在命题的规定范围内，一切三角形的内角和不多不少都是180°。数学的对象并不只是具体问题，数学所探讨的不是转瞬即逝的知识，而是某种永恒不变的东西。所以，数学的对象必须有明确无误的概念，而且其方法必须由明确无误的命题开始，并服从于明确无误的推理规则，以达到正确的结论。正是因为这样，数学方法既成为人类认识方法的一个典范，也成为人类在认识宇宙和人类自己时必须持有的客观态度的一个标准。就数学本身而言，达到数学真理的途径，既有逻辑的方面，也有直觉的方面，但就其与其他学科相比较而言，它的逻辑方法是最突出的。这个方法发展后，就是人们常说的公理化方法。迄今为止，还没有哪一个知识门类应用公理化方法得到如数学那样大的成功。每个结论都必须有根据，都必须持之有理。这样一种求真的态度，倾毕生之力，用理性的思维，去解开那伟大而永恒的谜——宇宙和人类的真面目是什么——是人类文化发展高度的标志。这个伟大的理性探索，是数学发展必不可少的文化背景，反过来也是数学贡献于文化的最突出的功绩之一。

数学作为人类文化组成部分的另一个特点是，它不断追求最简单的、最深层次的、超出人类感官所及的宇宙的根本。所有这些研究，都是在极抽象的形式下进行的。这是一种化繁为简、以求统一的过程。从古希腊时期开始，人们就有一个信念：冥冥之中，宇宙最深处有一个伟大的、统一的、简单的设计图，那就是一个数学设计图。

数学还有一个特点是，它不仅研究宇宙的规律，而且研究自己，在发挥自己力量的同时，又研究自己的局限性，从不担心否定自己，而是不断反思、不断批判自己，并且以此来开辟自己前进的道路。它不断致力于分析自己的概念，分析自己的逻辑结构。它不断地反思：自己的概念和方法能走多远？从古希腊时代起，毕达哥拉斯学派相信数是万物的本原，认为宇宙即数（指自然数）。可是遇到了无理数，后来的希腊人只好采用不可公度理论。毕达哥拉斯学派把那些能用整数之比表达的比称作可公度比，而把那些不能用整数之比表达的比称作不可公度比。他们认为，不可公度（即相比的两个量不能用一个公共度量单位量尽）就意味着不和谐、不完美，所以不去研究它。这实际上是不承认无理数的存在，因为弄不清，就干脆不讲无理数，只讨论一般的线段长。但即便如此，也要保持高度严整，而不允许采取折中主义的态度。历史终于证明，正是希腊人开辟了研究无理数系的道路。他们研究数学，却同时考虑数学研究的对象是否存在。希腊人考虑数学对象的存在问题，把存在归结为可构造，然后就问：用直尺与圆规经有限步骤去三等分任意角可能吗？因为弄不清是否可能，即没有构造的方法以证明三等分角的存在，他们的几何学中干脆不讲一个角的1/3，只讲平分线，从不讲角三分线。越向后面发展，数学就出现了越来越多的“不可能性”，如$x^2+1=0$，不可能在实数域中求解；五次以上的方程不能用公式求解；平行线公理能不能证明？大家都说，数学最需要严格性。数学家就要问，什么叫严格性？大家都说，数学在证明一串串的定理。数学家就要问，什么叫证明？数学越发展，取得的成就越大，数学家就越要问自己的基础是不是牢固，越是在表面上看来没有问题的地方，越要找出问题来。乘法明明是可以交换的，数学家偏偏要研究不可交换的乘法。当然，任何学科要发展，就要发生改变，但只是在与实际存在的事物、现象或实验结果发生矛盾时才变。唯有数学，时常是在理性思维感觉到有问题时就要变。而且，其他学科中变的倾向时常是由数学中的变直接或间接引起的。当然，数学中许多重要的变，是由于直觉感到有变的必要，感到只有变才能直视宇宙的真面目。但无论如何，数学是先从思维的王国里开始变，即否定自己。这种变的结果时常是从一无所有之中创造了新的宇宙。

到了最后，数学开始怀疑自己的整体，考虑自己的力量界限何在。大概是到了19世纪末，数学向自己提出的问题是：我真的是一个没有矛盾的体系吗？我真正提供了完全可靠、确定无疑的知识吗？我自认为是在追求真理，可是“真”究竟是指什么？我证明了某些对象的存在，或者说我无矛盾地创造了自己的研究对象，可是它们确实存在吗？如果我不能真正地把这些东西构造出来，又怎么知道它是存在的呢？我是不是一张空头支票，一张没有银行的支票呢？

总之，数学是一棵参天大树，它向天空伸出自己的枝叶，吸收阳光。它不断扩展自己的领地，在它的树干上有越来越多的鸟巢，它为越来越多的学科提供支持，也从越来越多的学科中吸取营养。它又把自己的根伸向越来越深的理性思维的土壤中，使自己越来越牢固地站立。

第三节　数学的分类

如果我们想要预见数学的将来，适当的途径是研究这门学科的历史和现状。

——庞加莱

庞加莱，法国数学家、天体力学家、数学物理学家、科学哲学家。

分类是认识客观事物的手段，也是从事自然科学研究的基本方法之一，而对数学来说，因其历史的悠久和研究内容的丰富，很难有一个科学的、公认的分类方法。耶鲁大学计算机科学教授拉斯兹洛认为，只有一个数学——不存在划分数学的自然方法，并且从数学的三个新趋势——规模的扩大、应用领域的扩大、计算机工具的介入，说明试图寻找对数学的科学分类是徒劳的。

按照惯例，我们可以从两个方向进行简单的划分。

一、从纵向划分

1. 初等数学和古代数学

这是指17世纪以前的数学，主要包括古希腊时期的欧几里得几何学，古代中国、古印度和古巴比伦时期的算术，欧洲文艺复兴时期发展起来的代数方程等。

2. 变量数学

这是指17至19世纪初建立与发展起来的数学，其起点是解析几何，标志是微积分（数学分析），特点是数形结合，引入了变量，可以研究运动。

3. 近代数学

这是指19世纪的数学。19世纪是数学全面发展与成熟的阶段，数学的面貌发生了深刻的变化，数学的绝大部分分支在这一时期形成，整个数学呈现出全面繁荣的景象。主要特征是分析的严密化、代数的抽象化和几何的非欧化。

4. 现代数学

这是指20世纪的数学。1900年，德国著名数学家希尔伯特在世界数学家大会上，提出了23个预测和指导今后数学发展的数学问题，拉开了20世纪现代数学的序幕。也就是说，现代数学的起点是希尔伯特提出的23个未解决的数学问题。其特点是学科分支增多，交叉性增强（如代数拓扑、微分拓扑、代数几何等）。其基础是康托尔的集合论。

现代数学发展迅猛，有三大趋势：①交错发展，高度综合，逐步走向统一的趋势；②边缘学科、综合学科和交叉学科与日俱增的趋势；③数学的表现形式、对象和方法日益抽象化的趋势。

现代数学又呈现出六大特征：①从单变量到多变量，从低维到高维；②从线性到非线性；③从局部到整体，从简单到复杂；④从连续到间断，从稳定到动荡；⑤从精确到模糊；⑥计算机的应用。

二、从横向划分

1. 基础数学

基础数学又称理论数学或纯粹数学，是数学的核心部分，包括代数、几何和分析三大分支，分别研究数、形和数形关系。

2. 应用数学

简单地说，也就是数学的应用，是应用性较强的诸数学学科或分支的统称。泛指一切数学理论和方法中应用性较强的部分，如图论应用在网络分析，数论应用在密码学，博弈论、概率论、统计学应用在经济学。

3. 计算数学

研究诸如计算方法（数值分析）、数理逻辑、符号数学、计算复杂性、程序设计等方面的问题。计算数学与计算机学科密切相关。

4. 概率统计

概率统计包括概率论与数理统计两部分，是研究自然界中的随机现象、统计规律的数学方法。概率统计随着现代工农业、近代科技的发展而不断发展，形成了如随机过程、信息论等许多重要分支。

5. 运筹学与控制论

它以数学和计算机为主要工具，从系统和信息处理的观点出发，研究解决社会、经济、金融、军事、生产管理、计划决策等各种系统的建模、分析、规划、设计、控制及优化问题。第二次世界大战以来，运筹学与控制论得到了迅猛发展，开创了很多新的研究和应用领域，成为一个包括众多分支的学科。

第四节　数学的价值

数学是人类最高超的智力成就，也是人类心灵最独特的创作。音乐能激发或抚慰情怀，绘画能使人赏心悦目，诗歌能动人心弦，哲学能使人获得智慧，科技可以改善物质生活，而数学却能提供以上的一切。

——克莱因

克莱因，德国数学家。

我们从小学、中学甚至到大学，都得学数学。为什么要学这么多数学知识呢？其意义究竟何在？

华罗庚曾说：“宇宙之大，粒子之微，火箭之速，化工之巧，地球之变，生物之谜，日用之繁，无处不用数学。”这说明，数学在大自然和我们的生活中无处不在，数学与人类社会的发展息息相关。然而，数学的价值是什么呢？

当我们凝视夜空时，是否意识到无数天体的行踪可以通过数学来描绘、计算？

当我们乘坐飞机时，是否知道现代飞行器设计所依赖的数学原理？

当我们使用手机时，是否了解漫空飞舞的电磁波的最初发现应归功于一组方程式的推导？

当我们流连于博物馆和美术馆时，欣赏着那一幅幅精美绝伦的名画，是否察觉到数学与艺术的美妙联系？

当我们去医院检查身体时，是否想到一些使用广泛的医疗诊断仪器的发明也会涉及高深的数学？

甚至当我们彷徨于商海股市时，是否相信借助数学可以帮助我们避险盈利、运筹制胜？

数学以其卓越的智力成就，一向被人们尊称为众多学科的"皇后"，表明数学具有很高的地位及对科学发展不可或缺的重要性，但另一方面，由于数学作为一种工具被广泛地应用于各门学科，尽心尽力地发挥着特有的服务功能，所以数学史家比尔又将数学视为"科学的仆人"。这两种反差极大的称谓，事实上反映出数学之于科学的双重价值：高度的理论指导价值和普遍适用的应用价值。

一、数学为人类提供思维的模式

数学对于人类社会有一个重要的文化功能，那就是培养、发展人的思维能力。也许一个人在参加工作以后会把所学的大部分数学知识还给数学老师，然而一个人不管从事何种职业，其思维能力都是无形的财富。数学的系统训练，使我们的思维符合逻辑、精密、深刻、聪慧。正如人们常说的那样，数学是思维的体操。

数学还是人类思维的工具。某一概念的形成，某一结论的发现和推导，都是通过数学思维活动实现的。数学应用于实践的过程，在很大程度上也是通过数学思维活动对事物进行分析、类比、提炼、建构，并最终实现模式化、最优化的过程。数学为人类思考问题、解决问题提供了广泛而可靠的思维工具，其重要特点在于理性、客观、准确和可靠。

数学思维追求理性的精神，其永恒的主题是认识宇宙，也认识人类自己。在这个探索过程中，它追求一种完全确定、完全可靠的知识，把理性思维的力量发挥到了极致。

数学思维也是人类创新、创造的源泉，不断为人们提供新概念和新方法，促进了人类思想的解放。

总之，学习数学对于我们自身而言不单单是为了一个好分数。数学教育是一种对人的理性思维品格和思辨能力的培养，是对聪明智慧的启迪，是对潜在能动性与创造力的开发，其价值不是一般的教育所能相比的。它加深了我们对概念的抽象性、自身推理的严密性和对公式的应用性的认识。数学来自实践，其最本质的东西是抽象。抽象是人类创造性思维最基本的特征，人们通过抽象可以化繁为简，透过现象发现本质。而推理的严密性在数学的发展过程中不可或缺，数学每前进一步，都离不开严密的逻辑推理。推理是从已知到未知的合乎逻辑的思维过程，归纳推理是从个体认识群体，类比推理是从一个个体认识另一个个体，二者对培养人的发散性思维和创造性思维具有重要作用，人类的发明创造始于感性的发散性思维，终于理性的收敛性思维。因此，归纳与类比是人类探索世界、发现新事物的重要手段，许多重要的猜想都是通过归纳与类比而提出的。所以，数学不是分数，而是我们宝贵终生的东西。

二、数学是其他科学的工具和语言

回顾科学发展的历史，你就会发现，物理学、天文学、化学的任何重大发展无不与数学的进步息息相关。比如，牛顿力学特别是万有引力定律的发现，依赖微积分的创立；爱因斯坦的相对论则以黎曼几何为基础。

人们或许会认为，在历史上数学是重要的，但在高科技时代，数学已经没有那么重要了。恰恰相反，高科技发展的基石是数学，而且高科技的发展使得数学的应用达到了空前广泛的程度。

在高科技时代，自然科学的各个研究领域都已进入更深的层次和更广的范畴，这时就更加需要数学。在这种情况下，一度被认为没有应用价值的某些抽象的数学概念和理论，出人意料地在其他领域中找到了它们的原型与应用。例如，分子生物学中DNA结构的研究与数学中的纽结理论有关，而理论物理学中的规范场论与微分几何中的纤维丛理论紧密相关。20世纪80年代，美国自然科学基金会曾经指出，当代自然科学的研究正在日益呈现出数学化的趋势。

现在，我们要进一步指出，数学是今天高科技的基础。

20世纪最伟大的技术成就首推电子计算机的发明与应用，它改变了人们日常生活的方方面面，并使人类进入信息化时代。在电子计算机的设想、理论设计、研制、程序存储等研究过程中，数学家起着决定性的主导作用，如哥德尔从理论上创建了可计算理论和递归理论，图灵第一个设计出通用数字计算机，冯·诺依曼是世界上第一台电子计算机的研制者，维纳和香农分别是控制论和信息论的创始人，他们都是数学家。

医学上的CT技术、中文印刷排版的自动化、波音777的计算机模拟设计、指纹的识别、石油地震勘探的数据处理、网络系统安全技术等，在这些成就背后，数学都扮演着十分重要的、不可或缺的角色。数学在这些领域内不是一种可有可无的参考，而常常是解决问题的关键。

三、数学推进人类科技革命的发展

数学从萌芽之日起，就与人类的生活紧密关联。数学对人类生产的影响，最突出地反映在它与历次科技革命的关系上。人类历史上迄今发生的三次科技革命，其主体技术都与数学新理论、新方法的应用有直接或间接的关联。往往是数学走在前面，然后在生产中获得应用，即依靠数学内部矛盾的推动而发现的纯粹的、抽象的理论最终会反过来推动社会生产的发展。

第一次科技革命（蒸汽机和机械的革命）的标志是近代自然科学体系的形成，是以哥白尼的“日心说”为代表，后经开普勒、伽利略、牛顿等一大批科学家的推动而完成的。牛顿为了研究动力学，创立了微积分。他的著作《自然哲学的数学原理》影响了经典自然科学的所有领域。

被称为19世纪自然科学三大发现的能量守恒与转化定律、细胞学说和进化论是第二次科技革命（电气和运输的革命）的主要内容。19世纪末到20世纪初，X射线、电子、天然放射性、DNA双螺旋结构等的发现，使人类对物质结构的认识由宏观进入微观，相对论和量子力学的诞生使物理学理论和整个自然科学体系以及自然观、世界观都发生了重大变革。在这次革命中，数学发挥了很大作用。建立相对论需要黎曼几何，爱因斯坦本人就承认是几何学家走在了前面，他不过学了几何学家的东西才创立了相对论。在量子力学中用到的概率、算子、特征值、群论等基本概念和结论都是在数学上预先准备好了的，所以数学对第三次科技革命（以原子能技术、航天技术、电子计算机的应用为代表）起到了推动作用。

虽然我们很难说出其中哪一项发明直接来自数学，但19世纪和20世纪的数学家们发展了常微分方程、偏微分方程、变分学和函数论等数学分支，并把它们用于研究力学（包括流体力学和弹性力学）、热学、电磁学等中的物理问题和工程问题，推动了这些学科的发展。此外，还值得一提的是，电磁波的发现是麦克斯韦先从数学推导中预见，然后由赫兹用实验验证的。

人们认为，下一次科技革命将以人类三种新的“生存形式”为重要标志，即网络人（生活在网络空间的虚拟人）、仿生人（高仿真智能人）和再生人（具有自然人特征的“复制人”），预计这次科技革命大约将在2020—2050年到来。回顾前几次的科技革命，数学大都起到了先导和支柱的作用。因此有理由相信，数学必将成为下一次科技革命最重要的推动力之一。

四、数学是促进艺术发展的文化激素

数学对人类艺术文化的影响遍及绘画、音乐、建筑和文学众多方面。以绘画为例，每一个时代的主流绘画艺术背后，都隐藏着一种深层的数学结构——几何学，在达·芬奇那里是讲求透视关系的射影几何学，在毕加索那里是非欧几何学，在后现代主义、纯粹主义那里也许是现在所说的分形几何学。所以说，艺术与数学密不可分。

总之，数学正在向人类几乎一切知识领域和社会生活的各个方面渗透，一些过去认为与数学无缘的学科现在也正在成为数学一显身手的领域。数学方法甚至在深刻影响着文学研究、历史学研究，帮助文学家、历史学家得出更可靠、更令人信服的结论。

德国哲学家康德曾经说过：“我坚决认为，任何一门自然科学，只有当它数学化之后，才能称得上是真正的科学。”数学的发展历程和趋势不断印证着这一说法。事实上，数学的这一发展趋势是由数学的本质决定的，任何领域哪怕是人文社会科学领域，只要这一领域蕴含数量关系、空间关系、次序关系等这些称为数学结构的元素，就拒绝不了数学。

第五节　数学思想和数学方法

从最简单和最容易明了的事物着手，渐渐地和逐步地达到对最复杂对象的认识，甚至那些原本无先后次序的事物，也假定为其排列层次。

——笛卡尔

笛卡尔，法国哲学家、数学家、物理学家。

数学的知识包罗万象，数学的题目浩如烟海，为了认识和巩固数学知识，我们很容易进入“题海”之中。如何才能做到举一反三、触类旁通，达到事半功倍的效果？也就是说在数学学科中，概念、法则、性质、公式、公理、定理等，这些丰富多彩的内容反映了哪些共同的、带有本质性的东西？这就是数学思想和数学方法。

数学在其漫长的发展过程中，不仅建立了严密的知识体系，而且形成了一整套行之有效的思想和方法。我们在小学、初中、高中和大学所学到的数学知识，在进入社会后，如果不从事数学专业相关工作，通常在出校门后不到一两年就忘掉了。然而，不管我们从事什么职业，那种铭刻于头脑中的数学思想和数学方法，却长期地在我们的生活和工作中发挥着作用。数学思想和数学方法在人的能力培养和素质提高方面具有重要作用。

数学的内容、思想、方法和语言广泛地渗入自然学科和社会学科，成为现代文化的重要组成部分。数学思想和数学方法是数学学科的精髓，是数学素养的重要内容之一。我们只有领会了数学思想和数学方法，才能有效地应用数学知识，形成能力。

数学思想是人们对数学科学研究的本质及规律的深刻认识。它是指导学习数学，解决数学问题的思维方式、观点、策略、指导原则，具有导向性、统摄性、迁移性。中学数学教学中的基本数学思想有对应思想（函数思想、数形结合思想）、系统与统计思想（整体思想、最优化思想、统计思想）、化归与辩证思想（化归思想、转换思想）等。

数学方法是指某一数学活动过程的途径、程序、手段，具有过程性、层次性、可操作性。中学数学教学中的基本数学方法，一是科学认识方法，如观察与实验，比较与分类，归纳与类比，想象、直觉与顿悟；二是推理论证方法，如综合法与分析法，完全归纳法与数学归纳法，演绎法、反证法与同一法；三是求解方程，如配方法、换元法、消元法、待定系数法、图像法、轴对称法、平移法、旋转法等。

数学思想与数学方法既有差异性，又有同一性。数学方法是数学思想的表现形式和得以实现的手段。数学思想是数学方法的灵魂，指导方法的运用。数学思想与数学方法同属于数学方法论的范畴，有时是等同的，并没有明确的界限。由于数学思想与数学方法的这种特殊关系，我们在中学数学教学中把它们统称为数学思想方法。

因为数学内容始终反映着显性的数学知识（概念、定理、公式、性质等）和隐性的数学知识（数学思想方法）这两方面。所以，在学习中，不仅应当注意显性的数学知识，而且应注意数学思想方法的训练和培养。只有注意数学思想方法的分析，才能学活、学懂、学深。学活，是指看到活生生的数学知识的来龙去脉，形成过程，而不是死的数学知识。学懂，是指真正理解有关的数学内容，而不是囫囵吞枣，死记硬背。学深，是指不仅能掌握具体的数学知识，而且能感受、领会、形成、运用内在的思想方法。正如波利亚强调的，在数学学习中“有益的思考方式、应有的思维习惯”应放在首位。加强数学思想方法的学习，必然对提高数学学习的质量起到积极的作用。

第六节 "数学"名称的由来

如果不知道远溯古希腊各代前辈所建立和发展的概念、方法和结果，我们就不可能理解50年来数学的目标，也不可能理解它的成就。

——赫尔曼·外尔

赫尔曼·外尔，德国数学家，20世纪上半叶最重要的数学家之一。

数学，我国古代叫算术，后来叫算学，又叫数学，近几十年来才统一叫作数学。古代，"算"字有三种写法——筹、筭、算。

许慎在《说文解字》中对这几个字有如下解释：筭，"长六寸，计历数者。从竹，从弄，言常弄不误也"；"算，数也。从竹从具，读若筭"。筭或算，原来都是一种竹制的工具，是几寸长的竹签，也叫筹码，用来记数、计算或卜卦。摆弄这些算，有一套技术及学问，自然就叫作算术或算学了。

"算"字是什么时候开始使用的？李约瑟认为，在甲骨文或金文中从未发现过这个"算"字，因此它出现的年代不可能早于公元前3世纪。无论如何，"算术"这个名称在汉代已经通行，正式使用是在《九章算术》一书中。它的含义是指当时的数学，和现代算术的意义不同。宋、元两代，我国数学的发展居世界前列，那时"算学"和"数学"这两个词是并用的。

“算学”和“数学”并用的情况，一直延续了几百年。19世纪，西方的一些数学内容传入我国，使我国的数学内容得到了丰富，这时“算术”和“算学”都不能准确表示数学的基本内容了。1935年，中国数学会名词审查委员会仍主张两词并用。直到1939年，为了统一起见，才确定用“数学”，而不用“算学”。

在西方，“数学”一词来自希腊语，它意味着某种“已学会或被理解的东西”或“已获得的知识”，甚至意味着“可获的东西”“可学会的东西”，即“通过学习可获得的知识”。“数学”名称的这些意思似乎和梵文中同根词的意思相同。辞典编辑人利特雷在编辑字典时也收入了“数学”一词。公元10世纪的拜占庭希腊字典中，列出了“物理学”“几何学”和“算术”的词条，但没有直接列出“数学”一词。“数学”一词从表示一般的知识到专门表示数学专业，经历了一个较长的过程，到了亚里士多德时代，这一过程才完成。

在18世纪，数学史的先驱作家蒙托克莱说，古希腊人首先称数学为“一般知识”，而这一事实有两种解释：一种解释是，数学本身优于其他知识领域；而另一种解释是，作为一般知识性的学科，数学在修辞学、辩证法、语法和伦理学等之前就已经具有完整结构了。蒙托克莱接受了第二种解释。他不同意第一种解释，因为在普罗克洛斯关于欧几里得的评注中，或在任何古代资料中，都没有发现适合这种解释的确证。19世纪的语源学家倾向于第一种解释，而20世纪的古典学者偏向第二种解释，但我们发现，这两种解释并不矛盾，即很早就有了数学，且数学的优越性是无与伦比的。

“数学”一词从表示一般的知识到专门表示数学专业，经历了一个漫长的过程。随着社会的发展和进步，数学的内容越来越丰富，也越来越重要。现如今，数学是学校教育必教、升学考试必考的一门课程。

第七节 "几何"名称的由来

此书为益。能令学理者，祛其浮气，练其精心；学事者，资其定法，发其巧思。故举世无一人不当学。

——徐光启

徐光启，字子先，号玄扈，我国明末数学家、科学家、农学家、政治家、军事家。

九年义务教育中，数学主要学习代数与几何两门课程，那么"几何"这个名称是怎么来的呢？在我国古代，"几何"不叫"几何"，而是叫作"形学"。"几何"二字，在中文里原来也不是一个数学专有名词，而是一个虚词，意思是"多少"。例如，曹操的《短歌行》中有这么两句："对酒当歌，人生几何？"这里的"几何"就是多少的意思。那么，是谁首先把"几何"一词作为数学的专业名词来使用的呢？那是明末杰出的科学家徐光启。

1606年，徐光启向意大利传教士利玛窦学习西方的科学知识。利玛窦用欧几里得的《几何原本》为教材，向徐光启讲授西方的数学理论。徐光启深深地为它的基本理论和逻辑推理所折服，认为这些正是我国古代数学的不足之处。于是，徐光启建议把它译成中文。刚开始，利玛窦对这个建议颇感犹豫，因为这部著作是用拉丁文写的，拉丁文和中文语法不同，词汇也很不一样，书里的许多数学专业名词在中文里都没有相应的现成词汇，因此要译得准确、流畅而又通俗易懂，是很不容易的。但徐光启认为，只要肯下功夫，总是可以译成的。在徐光启的一再劝说下，利玛窦也就同意了。

1606年的冬天，紧张的翻译工作开始了。先由利玛窦用中文逐字逐句地口头翻译，再由徐光启草录下来。译完一段，徐光启再字斟句酌地进行一番推敲修改，然后由利玛窦对照原著进行核对。有译得不妥当的地方，利玛窦就把原著再仔细地讲述一遍，让徐光启重新修改。译文里的“平行线”“三角形”“对角”“直角”“锐角”“钝角”“相似”等中文名词术语，都是经过反复推敲而确定下来的。

1607年的春天，徐光启和利玛窦译出了这部著作的前六卷。徐光启想一鼓作气，争取在年内译完后九卷，但利玛窦主张先将前六卷刻印出版。付印之前，徐光启又独自一人将译稿加工、润色了三遍。然后，他又同利玛窦一起，共同敲定书稿的译名。这部著作的拉丁文原名叫“欧几里得原本”，如果直译成中文，不像是一部数学著作。如果按照它的内容，译成“形学原本”，又显得太陈旧了。徐光启一连想了十多个音似的汉字，但都不十分贴切。一天散步时，他忽然想到一句古诗“河汉清且浅，相去复几许”，猛然间从“几许”想到“几何”。“几何”的原文是“geometria”，“geometria”的字头“geo”音译为“几何”，而汉文“几何”的含义是“多少”，与原文的音、义非常相配。用“几何”译“geometria”，音义兼顾，确是神来之笔。于是，“几何”一词一直沿用至今。

1607年，《几何原本》前六卷正式出版，引起巨大的反响，成为明末从事数学工作的人的一部必读书，对我国近代数学的发展起了很大的作用。

就在他们想继续把《几何原本》的后九卷翻译完的时候，发生了一件意想不到的事情，那就是徐光启的父亲不幸去世了。徐光启请了假，扶柩回了上海。这一去就是三年。三年后，利玛窦也去世了。

就因为这个意外，《几何原本》后九卷的翻译工作被推迟了250年，最后由清代数学家李善兰和英国人伟烈亚力合作完成。

第八节 "代数"名称的由来

中法之四元，即西法之代数也。

——李善兰

李善兰，原名李心兰，字竟芳，号秋纫，别号壬叔，我国近代著名的数学家、天文学家、力学家和植物学家。

"代数"（algebra）一词，最初来源于公元9世纪阿拉伯数学家、天文学家阿尔·花拉子密一本著作的名称。花拉子密写有一本很有影响力的代数教科书——《还原与对消的科学》。

花拉子密在研究方程求解的过程中，提出可以把一个负项移到方程的另一端变为正项，称之为"al-Jabr"，意思是"还原"，并认为方程的两端可以消去相同的项或合并同类项，实际上就是我们今天所说的"对消"或"化简"。之后，花拉子密写出了《还原与对消的科学》这一传世之作。12世纪时，书名中的"al-Jabr"译为拉丁文时被译为"algebra"，而书名的第二个字渐渐被省略，全书常被简称为"algebra"。于是，这个学科就以"algebra"为名。

1847年，英国人伟烈亚力来到上海学习中文。1853年，他用中文写了一本《数学启蒙》，介绍西方数学。他在序中说："有代数、微分诸书在，余将续梓之。"这是中文中第一次用"代数"一词作为这个数学分支的名称。1859年，伟烈亚力和李善兰合译《代微积拾级》，李善兰在序中正式使用了“代数”这一名称，“中法之四元，即西法之代数也”。同年，两人又合译德·摩根的书，正式定名为《代数学》，这是我国第一本以“代数”为名的书。后来，清代学者华蘅芳和英国人傅兰雅合译英国数学家瓦里斯的《代数学》，卷首有“代数之法，无论何数，皆可以任何记号代之”，说明了所谓“代数”就是用符号来代表数的一种方法。

第九节　21世纪的数学

21世纪几乎肯定会把数学再转变为全人类的活动。

——阿蒂亚

阿蒂亚，曾任英国皇家学会主席、三一学院院长、牛顿研究所所长。

数学界普遍认为希尔伯特是历史上最后一个数学全才，他在1900年发表的著名演讲中提出了23个有待解决的重大数学问题，对20世纪的数学产生了很大的影响。

100年之后，已经没有一位数学家能够或者敢于为21世纪数学的整体发展指出方向，所以在2000年国际数学联盟组织了来自全世界的30位数学精英，集体撰写了《数学：前沿与展望》一书，希望该书能够指出21世纪数学发展的大致趋向。但该书在前言中就指出，该书还是有不少遗漏的地方。

在历史上，人们对数学应如何发展一直存在两种不同的意见。庞加莱认为，数学离开物理就会走入歧途，物理学不仅迫使人们面临大量的数学问题，而且能影响我们朝着梦想不到的方向前进。而希尔伯特认为，数学的发展主要是由于数学自身产生的问题，并提出了一些他认为对数学有重要影响的数学本身的问题，即著名的希尔伯特23个问题。

阿蒂亚认为，在20世纪下半叶，数学的发展已经回归到"更多的庞加莱精神"，"强调几何的思维，甚至在代数与数论的领域也是如此"。这也许是21世纪数学发展总的趋向。然而，这仅是针对基础数学而言。在20世纪，数学已渗透到人类活动的许多方面，如物理学、化学、生物学、工程学、计算机科学、经济学、控制论、决策理论等。阿蒂亚说21世纪几乎肯定会把数学再转变为全人类的活动，这是有根据的。

《数学：前沿与展望》一书虽然是由30位最著名的数学家写成的，还是有许多遗漏的地方，特别是应用数学方面。我们只能用统计的方法，此书中哪一方面的作者最多，即推测其为基础数学在未来的主要趋向。

书中数论方面的作者最多，共有5位。看来，在21世纪，数论又将重登"数学的皇后"宝座。这与怀尔斯在20世纪末解决了历史上的大难题——费马大定理有关。几百年来，这个问题耗费了不少数学工作者的心血，以至于有一位哲学家把它称为人类思想的极限，意思是说这个问题非人类的思想所能解决。所以，这个问题的解决不但有科学的意义，而且有哲学的意义，即极限是可以突破的，正如音障可以突破一样。21世纪主攻的难题自然是黎曼假设（即黎曼猜想），书中有好几位作者（包括不是数论方面的作者）都提出了这个世纪难题。值得注意的是，正如阿蒂亚所说，费马大定理的证明"强调了几何的思维"。这说明一个真理：知新才能创新。看来，肯定或否定黎曼假设的证明也将如此。

书中另一个作者最多的领域是数学物理，共有4个半。如果加上序言的作者阿蒂亚（他过去一直宣传数学物理的重要性）则有5个半。为什么会有半个呢？因为其中有一位作者丘成桐所写的是《几何与分析的回顾》，其内容多半与数学物理有关。

书中对其他数学分支的展望都有一二篇进行阐述，对数学家及数学发展政策的决策者来说会有很大的参考价值。

第二章 趣闻轶事
——好玩数学

攀登智峰趣无穷，千古佳话传美名。

数学，历史悠久，因其抽象性和逻辑性而披上了神秘的面纱，甚至给人枯燥乏味之感，让人望而却步、敬而远之。然而，也正因为其抽象性和逻辑性，数学才能有更丰富的内涵，揭示更深刻的规律，才会给人带来出乎意料的发现、耐人寻味的惊奇和奇妙无穷的变幻，使之成为智者的游戏、人类天才的乐园。

本章通过有趣的故事，让你了解数学的方法、结论和思维是那么的迷人，让你知道站在人类智力高峰上的数学家们是那么的可爱，若能激起你了解数学、学习数学、探究数学的兴趣，则善莫大焉。

第一节　诺贝尔奖为何不设数学奖

你要做伟大的工作就必须有一颗纯洁的心。你只能想数学，其他一切都属于人类的弱点。

——格里戈里·佩雷尔曼

格里戈里·佩雷尔曼，俄罗斯数学家。

每当一年一度的诺贝尔奖获奖名单揭晓时，不少人都会产生一个疑惑：为什么没有数学奖？事实上，这是一个长久以来引起各种推测，也带来诸多争议的问题。

据说，瑞典著名化学家诺贝尔在遗嘱的第一稿曾经提出过要设立这项奖金，为什么后来又取消了呢？现今流传着各种说法。

一、绯闻说

国外学者认为，这件事可能与诺贝尔的爱情受挫有关。诺贝尔有一个比他小13岁的女友——维也纳姑娘苏菲，诺贝尔发现她和一位数学家私下交往甚密，后来私奔了。对于女友和数学家私奔一事，诺贝尔一直耿耿于怀，且大受刺激，从此不谈婚娶。可能正是因为这件事，诺贝尔在临终前设立诺贝尔奖的具体奖项时毫不客气地把数学排除在外了。

二、斗气报复说

这是在瑞典本国流行的一种说法。在诺贝尔立遗嘱期间，瑞典最有名望的数学家是米塔格·勒弗列尔。如果诺贝尔设立数学奖，那么这项奖金在当时必然会授予这位数学家，而诺贝尔很不喜欢他。

但后来这种说法被否定了，因为没有证据表明米塔格·勒弗列尔与诺贝尔有很多接触。同样，也没有证据表明他们之间由于某种原因存在什么敌意。相反，在诺贝尔生命的最后一段时间里，米塔格·勒弗列尔倒是积极从事与诺贝尔的“外交”谈判，试图说服他把主要精力用于斯德哥尔摩学院的研究工作。

另一个值得注意的事实是，当时数学领域已经有了一个非常著名的斯堪的纳维亚奖。也许是因为这个奖项的存在，诺贝尔便觉得没有必要再在诺贝尔奖中设立数学奖项。

三、时代环境影响说

史学家们现在越来越相信这样一个事实，即诺贝尔忽视数学是受他所处的时代和他的科学观的影响。诺贝尔在16岁的时候就终止了公立中学的教育，也没有继续上大学，之后只是从一位优秀的俄罗斯有机化学家那里接受了一些私人教育。事实上，正是那位俄罗斯化学家把诺贝尔的注意力引向了硝酸甘油。诺贝尔不愧是一位典型的、极赋天分的发明家，他的发明似乎更多地来自其敏锐的直觉和非凡的创造力，而不需要借助任何高等数学知识。那时，也就是19世纪的下半叶，化学领域的研究一般也不需要高等数学知识，数学在化学中的重要应用发生在诺贝尔去世以后。诺贝尔本人根本无法预见或想到数学在推动科学发展上所起到的巨大作用，因此没有设立诺贝尔数学奖。

作为一名发明家和工业家，诺贝尔决定不设立数学奖，其原因很可能只是由于他对数学或理论科学没有特殊的兴趣，认为数学不是人类可以直接从中获益的科学。他在遗嘱中提到，这些奖项要用于奖励那些对人类具有巨大现实利益的发明或发现。也许正是根据这一精神，历年的诺贝尔物理学奖得主中，从事实验科学的人要比从事理论科学的人多得多。

其实，有一部分数学家并不喜欢与诺贝尔奖扯上关系，他们认为自己的领域比较纯粹而且清高。著名数学家格里戈里·佩雷尔曼曾经说过："你要做伟大的工作就必须有一颗纯洁的心。你只能想数学，其他一切都属于人类的弱点。"

第二节　魅力无穷的完全数

数学是科学的皇后，数论是数学的皇后。

——高斯

高斯，德国著名数学家、物理学家、天文学家、大地测量学家。

完全数，又称完美数或完备数，是一些特殊的自然数，它所有的真因子（即除了自身以外的约数）的和恰好等于它本身。

第一个完全数是6，它有约数1，2，3，6，除去它本身6外，其余3个数相加，1+2+3=6。

第二个完全数是28，它有约数1，2，4，7，14，28，除去它本身28外，其余5个数相加，1+2+4+7+14=28。

第三个完全数是496，有约数1，2，4，8，16，31，62，124，248，496，除去其本身496外，其余9个数相加，1+2+4+8+16+31+62+124+248=496。

后面的完全数还有8128，33550336等。

有了完全数，人们又定义了亏数和盈数。

如4，它的真约数有1，2，其和是3，比4本身小，像这样的自然数就叫作亏数。

如12，它的真约数有1，2，3，4，6，其和是16，比12本身大，像这样的自然数就叫作盈数。

所以，完全数就是既不盈余也不亏欠的自然数。

一、完全数的历史回顾

公元前6世纪的毕达哥拉斯是最早研究完全数的人，他已经知道6和28是完全数。毕达哥拉斯曾说：“6象征着完满的婚姻以及健康和美丽，因为它的部分是完整的，并且其和等于自身。”有些《圣经》注释家认为，6和28是上帝创造世界时所用的基本数，因为上帝创造世界花了6天，28则是月亮绕地球一周的天数。圣·奥古斯丁说：“6这个数本身就是完全的，并不因为上帝造物用了6天。事实上，因为这个数是一个完全数，所以上帝在6天之内把一切事物都造好了。”

完全数对数学家和数学业余爱好者有着一种特别的吸引力，吸引着他们没完没了地找寻这一类数字。接下去的两个完全数是毕达哥拉斯学派成员尼克马修斯于公元1世纪发现的，他在《数论》一书中有这样一段话——“也许是这样，正如美的、卓绝的东西是罕有的，是容易计数的，而丑的、坏的东西却滋蔓不已；是以盈数和亏数非常之多，杂乱无章，它们的发现也毫无系统。但是完全数则易于计数，而且又顺理成章：因为在个位数里只有一个6；十位数里也只有一个28；第三个在百位数的深处，是496；第四个却在千位数的尾巴上，接近一万，是8128。它们具有一致的特性：尾数都是6或8，而且永远是偶数。”

在茫茫数海中，第五个完全数要大得多，居然藏在千万位数的深处！它是33550336，其寻求之路也更加艰难，直到15世纪才由一位无名氏找到。

寻找完全数的努力从来没有停止过。计算机问世后，人们借助这一有力的工具继续探索。笛卡尔曾公开预言：“完全数是不会多的，好比人类一样，要找一个完人亦非易事。”时至今日，人们一直没有发现奇完全数的存在。于是，是否存在奇完全数成为数论中的一大难题。目前，人们只知道，即便有，这个数也是非常之大，并且需要满足一系列苛刻条件。

二、关于完全数的疑难问题

1. 到底有多少完全数

寻找完全数并不是容易的事。经过不少数学家的探究，到2013年2月6日为止，一共找到了48个完全数。

2. 有没有奇完全数

奇怪的是，已发现的48个完全数都是偶数。会不会有奇完全数存在呢？如果存在，那么它肯定大于10^{300}。

三、完全数的获得公式

大数学家欧拉曾推算出完全数的获得公式：如果p是质数，且2^p-1也是质数，那么（2^p-1）$\times 2^{p-1}$便是一个完全数。

例如，当$p=2$时，是一个质数，$2^p-1=3$也是质数，（2^p-1）$\times 2^{p-1}=3\times 2=6$，是完全数。

当$p=3$时，是一个质数，$2^p-1=7$也是质数，（2^p-1）$\times 2^{p-1}=7\times 4=28$，是完全数。

当$p=5$时，是一个质数，$2^p-1=31$也是质数，（2^p-1）$\times 2^{p-1}=31\times 16=496$，是完全数。

但是，2^p-1在什么条件下才是质数呢？事实上，当2^p-1是质数的时候，称为梅森素数。到前者为止，人们只发现了50个梅森素数，较小的有3，7，31，127等。

四、完全数的特有性质

1. 现有的完全数都是三角形数

例如，

$6=1+2+3$.

$28=1+2+3+\cdots+6+7$.

$496=1+2+3+\cdots+30+31$.

$8128=1+2+3+\cdots+126+127$.

2. 现有的完全数的全部约数的倒数和等于2

例如，

$1/1+1/2+1/3+1/6=2$.

$1/1+1/2+1/4+1/7+1/14+1/28=2$.

$1/1+1/2+1/4+1/8+1/16+1/31+1/62+1/124+1/248+1/496=2$.

3. 可以表示成连续奇立方数之和

除6以外的完全数，都可以表示成连续奇立方数之和，并规律式增加。

例如，

$28=1^3+3^3$.

$496=1^3+3^3+5^3+7^3$.

$8128=1^3+3^3+5^3+\cdots+15^3$.

$33550336=1^3+3^3+5^3+\cdots+125^3+127^3$.

4. 都可以表达为2的一些连续正整数次幂之和

例如，

$6=2^1+2^2$.

$28=2^2+2^3+2^4$.

$496=2^4+2^5+2^6+2^7+2^8$.

$8128=2^6+2^7+2^8+2^9+2^{10}+2^{11}+2^{12}$.

$33550336=2^{12}+2^{13}+\cdots+2^{24}$.

5. 都是以6或8结尾

如果以 8 结尾，那么肯定是以 28 结尾（数学家仍未发现由其他数字结尾的完全数）。

6. 各位数字辗转式相加个位数等于1

除6以外的完全数，把它的各位数字相加，直到变成个位数，那么这个个位数一定是1。例如，

28：2+8=10，1+0=1.

496：4+9+6=19，1+9=10，1+0=1.

8128：8+1+2+8=19，1+9=10，1+0=1.

33550336：3+3+5+5+0+3+3+6=28，2+8=10，1+0=1.

以上这些难题，与其他数学难题一样，有待人们去攻克。尽管我们现在还看不到完全数的实际用处，但它反映了自然数的某些基本规律。探索自然规律，揭开数学上的未解之谜，正是数学家们追求的目标。

第三节　数论中的钻石——梅森素数

读读欧拉，他是我们每一个人的老师。

——拉普拉斯

拉普拉斯，法国数学家、天文学家。

众所周知，素数也叫质数，是只能被1和自身整除的数，如2，3，5，7，11等。

2000多年前，古希腊数学家欧几里得就已证明素数有无穷多个，并提出一些素数可写成2^p-1（其中指数p也是素数）的形式。这种特殊形式的素数具有独特的性质和无穷的魅力，千百年来一直吸引着众多的数学家和数学业余爱好者进行探究，而17世纪法国数学家、法兰西科学院奠基人马林·梅森是其中成果较为卓著的一位，因此后人将2^p-1型的素数称为梅森素数。迄今为止，人们仅发现50个梅森素数。这种素数历来是数论研究的一项重要内容，也是当今科学探索的热点和难点之一。梅森素数珍奇而迷人，被人们誉为“数论中的钻石”。

一、貌似简单，探究极难

梅森素数貌似简单，但探究难度极大。它不仅需要高深的理论和纯熟的技巧，而且需要进行艰巨的计算。1772年，数学大师欧拉在双目失明的情况下，靠心算证明了2^{31}-1（即2147483647）是第8个梅森素数，堪称当时世界上已知的最大素数。欧拉的顽强毅力与解题技巧令人赞叹不已，法国大数学家拉普拉斯说的话代表了很多人的心声：“读读欧拉，他是我们每一个人的老师。”

探究梅森素数，不仅极富挑战性，而且对探究者来说有一种巨大的自豪感。

1963年6月2日晚上8点，当第23个梅森素数2^{11213}-1通过大型计算机被找到时，美国广播公司中断了正常的节目播放，在第一时间发布了这一重要消息。而发现这个素数的美国伊利诺伊大学数学系的全体师生感到无比骄傲，以至于把所有从系里发出的信封都盖上了“2^{11213}-1是个素数”的邮戳。

随着指数p值的增大，每一个梅森素数的找到都无比艰辛，而数学家和数学业余爱好者仍乐此不疲。例如，在1979年2月23日，当美国克雷研究公司的计算机专家大卫·史洛温斯基和哈里·纳尔逊宣布找到第26个梅森素数$2^{23209}-1$时，有人告诉他们：在两星期前，美国加利福尼亚州的高中生兰登·诺尔就已经给出了同样的结果。为此，他们更加发奋努力，花了一个半月的时间，使用CRAY-1型计算机找到了新的梅森素数$2^{44497}-1$，该数有13395位，是当时已知的最大素数。这件事成了当时不少主流媒体的头条新闻。后来，史洛温斯基还独自发现了6个梅森素数，因而被人们称为“素数大王”。

美国中央密苏里大学数学家柯蒂斯·库珀领导的研究小组参加了一个名为“互联网梅森素数大搜索”（GIMPS）的国际合作项目，于2013年1月25日发现了当时的最大素数——$2^{57885161}-1$（即2的57885161次方减1）。该素数是第48个梅森素数，有17425170位！美国数学学会宣称：这是数论研究的一项重大突破。该研究小组在大约1000台计算机上运行GIMPS的软件，每台计算机都不间断地用了39天时间证明$2^{57885161}-1$是个素数。之后，其他研究者也独立验证了这一结果。

二、大胆猜测，重大发现

人们在寻找梅森素数的同时，对其重要性质——分布规律的研究也一直在进行着。从已发现的梅森素数来看，它们在正整数中的分布时疏时密、极不规则，因此研究梅森素数的分布规律似乎比寻找新的梅森素数更为困难。英、法、德、美等国的数学家都曾分别给出过有关梅森素数分布的猜测，但他们的猜测都是以近似表达式给出的，而且与实际情况的接近程度均难尽如人意。

中国数学家、语言学家周海中是这方面研究的领先者，他经过多年潜心研究，运用联系观察法和不完全归纳法于1992年首次给出了梅森素数分布的精确表达式，其表达式优美、简洁，体现了数学之美。这一研究成果发表后，受到许多数学家的好评，被国际数学界称为“周氏猜测”。著名的《科学》杂志认为，这是素数研究的一项重大突破。数论大师阿特勒·塞尔伯格表示：“周氏猜测”具有创新性，开创了富于启发性的新方法；其创新性还表现在揭示新的规律上。

由此可见，梅森素数基础研究的前提是提出问题并大胆猜测，只有这样，才能有所发现，有所创新。正如科学巨人牛顿所言：没有大胆的猜测，就做不出伟大的发现。“周氏猜测”就是一个例证。这一猜测从提出到现在已有20年的时间，目前人们需要做的就是破解这一数学难题。

三、网格给力，金钱奖赏

网格（Grid）这一崭新技术的出现，使梅森素数的探究如虎添翼。1996年，美国数学家、程序设计师乔治·沃特曼编制了一个梅森素数计算程序，并把它放在网页上供数学家和数学业余爱好者免费使用，这就是著名的“互联网梅森素数大搜索”（GIMPS）项目。该项目采取网格计算的方式，利用大量普通计算机的闲置处理能力来获得相当于超级计算机的运算能力。1997年，美国数学家、程序设计师斯科特·库尔沃斯基建立了素数网（PrimeNet），实现了分配搜索区间和向GIMPS发送报告的自动化。现在，只要人们去GIMPS的主页下载那个免费程序，就可以立即参加GIMPS项目去寻找新的梅森素数了。

为了激励人们寻找梅森素数和促进网格技术的发展，美国电子新领域基金会（EFF）于1999年向全世界宣布，为通过GIMPS项目来探寻梅森素数而设立奖金。它规定向第一个找到超过100万位数的梅森素数的个人或机构颁发5万美元。后面的奖金依次为：超过1000万位数，10万美元；超过1亿位数，15万美元；超过10亿位数，25万美元。

人们通过参加GIMPS项目，一共发现了14个梅森素数。如今，世界上有来自180多个国家和地区的近28万人参加了GIMPS项目，并动用超过79万台计算机联网来寻找新的梅森素数。著名的《自然》杂志曾指出：GIMPS项目不仅会进一步激发人们对梅森素数的寻找热情，而且会引起人们对网格技术应用研究的高度重视。

四、理论意义，实用价值

梅森素数在当代具有重大的理论意义和丰富的实用价值。对它的探究推动了“数学的皇后”——数论的研究，促进了计算机技术、密码技术、程序设计技术的发展以及快速傅里叶变换的应用。

梅森素数的最新意义是，它促进了网格技术的发展。另外，梅森素数还可以用来测试计算机硬件运算是否正确。

由于梅森素数的探究需要多种学科和技术的支持，所以许多科学家认为，梅森素数的研究成果在一定程度上反映了一个国家的科技水平。英国顶尖科学家马库斯·索托伊甚至认为：梅森素数的探究可以挑战人类科技与智慧的极限，其成果是一个国家科技创新能力的重要标志之一。

最后，有必要指出的是：梅森素数是否有无穷多个？这是目前尚未解决的著名数学谜题。而揭开这一未解之谜，正是科学追求的目标。让我们以数学大师希尔伯特的名言来结束本节内容："我们必须知道，我们必将知道。"

第四节　一元三次方程求根公式的探索历程

新的数学方法和观念，常常比解决数学问题本身更重要。

——华罗庚

华罗庚，我国著名数学家。

人类很早就掌握了一元二次方程的解法，但对一元三次方程的研究则进展缓慢。古代中国、古希腊和古印度等地的数学家都曾努力研究过一元三次方程，但是他们所发明的几种解法，都仅仅能够解决特殊形式的一元三次方程，对一般形式的一元三次方程就不适用了。

在16世纪的欧洲，随着数学的发展，一元三次方程也有了固定的求解方法。很多数学文献上都把一元三次方程的求根公式称为“卡尔丹公式”。但事实并不是这样，数学史上最早发现一元三次方程通式解的人是16世纪的意大利数学家尼科洛·丰坦纳。

丰坦纳出身贫寒，少年丧父，家中也没有条件供他读书，但是他通过艰苦的努力，终于自学成才，成为16世纪意大利最有成就的学者之一。在12岁那年，他被入侵的法国兵砍伤了头部和舌头，从此说话结结巴巴的，所以当时的人们昵称他为“塔尔塔利亚”，也就是意大利语中“结巴”的意思。后来的很多数学书中都直接用“塔尔塔利亚”来称呼他。经过多年的探索和研究，塔尔塔利亚找到了一元三次方程一般形式的求根方法。当时有人听了不服气，来找他较量，规定每人各出30道题，由对方去解。结果，塔尔塔利亚将30道一元三次方程的解全做了出来，对方却一道题也没做出来。但是，塔尔塔利亚不愿意将这个重要发现公之于世。

当时的另一位意大利数学家兼医生卡尔丹（也称卡当、卡尔达诺），对塔尔塔利亚的发现非常感兴趣。他几次诚恳地登门请教，可是塔尔塔利亚始终守口如瓶，滴水不漏。虽然屡次受挫，但卡尔丹极为执着，软磨硬泡。后来，塔尔塔利亚用一种隐晦得如同咒语般的语言，把一元三次方程的解法“透露”给了卡尔丹。塔尔塔利亚以为卡尔丹无法破解他的“咒语”，可是卡尔丹的悟性太强了，他通过解一元三次方程，很快就彻底破译了塔尔塔利亚的“咒语”。卡尔丹把塔尔塔利亚的一元三次方程求根公式写进了自己的学术著作《关于代数的大法》，但其中并未提到塔尔塔利亚的名字。随着《关于代数的大法》在欧洲的出版发行，人们才了解到一元三次方程的一般求解方法。由于第一个发表一元三次方程求根公式的人确实是卡尔丹，因此后人把这种求解方法称为“卡尔丹公式”（也称为“卡当公式”）。

对于卡尔丹的行为，我们暂不给予评论，但不可否认的是，“卡尔丹公式”的公之于世，加速了一元三次方程求根公式的普及和人类探索一元n次方程根式解法的进程。

一元三次方程应有三个根，"卡尔丹公式"给出的只是一个实根。大约200年后，随着人们对虚数认识的加深，到了1732年，才由瑞士数学家欧拉找到了一元三次方程三个根的完整表达式。

一元四次方程求根公式是由卡尔丹的学生弗利拉找到的。三次、四次方程的求根公式要涉及复数中的虚数问题，而这一数学概念直到18世纪末才逐渐为数学家们所接受。

在解决了一元三次、四次方程的求根公式后，人们开始努力寻找一元五次方程的求根公式，但300年过去了，还是没有人成功。后来，年轻的挪威数学家阿贝尔于1824年证实，n次方程（$n \geqslant 5$）没有公式解。不过，对于这个问题的研究其实并没有结束，因为人们发现有些n次方程（$n \geqslant 5$）有求根公式。那么，什么样的一元n次方程才没有求根公式呢？不久，这一问题在19世纪上半叶被法国天才数学家伽罗华利用他创造的全新数学方法所证明，由此，一门新的数学分支——群论诞生了。

解一元三次方程问题，是世界数学史上较著名且较为复杂又有趣味的问题。虚数概念的引进、复数理论的建立，就是起源于解一元三次方程问题。一元三次方程应用广泛，如电力工程、水利工程、建筑工程、机械工程、动力工程、数学教学及其他领域等。用根号解一元三次方程，虽然有著名的"卡尔丹公式"，并有相应的判别法，但是使用"卡尔丹公式"解题比较复杂，缺乏直观性。20世纪80年代，中国的一名中学数学教师范盛金对解一元三次方程问题进行了深入的研究和探索，发现了比"卡尔丹公式"更实用的新求根公式——"盛金公式"，并建立了简明的、直观的、实用的新判别法——"盛金判别法"，同时提出了"盛金定理"，清晰地回答了解一元三次方程的疑惑问题，且很有趣味。"盛金公式""盛金判别法"及"盛金定理"形成了一套完整的、简明的、实用的、具有数学美的解一元三次方程的理论体系，范盛金创造的这套系统方法对研究解一元高次方程问题及提高解一元三次方程的效率作出了贡献。

第五节　圆周率的故事

割之弥细，所失弥少。割之又割以至于不可割，则于圆合体而无所失矣。

——刘徽

刘徽，我国古代杰出的数学家，我国古典数学理论的奠基者之一。

圆，是人类最早认识的一种曲线，也是用途最广的一种曲线。在遥远的古代，火红的太阳、皎洁的月亮、清晨的露珠，以及动物的眼睛、水面的波纹，都给了人类以圆的启示。现代，从滚动的车轮到日常用品，从旋转的机器到航天飞船，到处都有圆的身影。人们的生活早已与圆结下了不解之缘。圆，以无比美丽的身影带给人们无限美好的遐想。

圆周率是圆的灵魂，是圆的化身，可是这位仙子迟迟不肯揭开那神秘的面纱。

人们对圆周率的认识经历了漫长的历史岁月，许多数学家为此付出了毕生的精力。现在，就让我们穿越时间隧道，与这些伟大的数学家进行一次亲密接触吧！

早在3000多年以前的周朝，我们的祖先就从实践中认识到，圆的周长大约是其直径的3倍，所以在距今2000多年前的西汉初年，在我国最古老的数学著作《周髀算经》里就有了“周三径一”的记载。

随着生产的发展和文明的进步，人们对圆周率精确度的要求越来越高。西汉末年，数学家刘歆提出把圆周率定为3.1547。到了东汉时期，张衡建议把圆周率定为3.1622。但是，这两种建议都因为缺乏科学依据而很少被人采用。一直到了三国时期，刘徽创立了割圆术，才使圆周率的计算走上了科学的道路。

什么是割圆术呢？原来，刘徽在整理我国古老的数学著作《九章算术》时发现，所谓的"周三径一"，实质上是把圆的内接正6边形的周长作为圆的周长。于是，他想到：如果用圆的内接正12边形、24边形、48边形、96边形……的周长作为圆的周长，岂不是更加精确？这就是割圆术。用他自己的话来说就是："割之弥细，所失弥少。割之又割以至于不可割，则于圆合体而无所失矣。"但是，因为计算过程随着边数的增加变得越来越复杂，限于当时的条件，刘徽只计算到圆的内接正96边形，使圆周率精确到3.14。后来，刘徽又算到圆的内接正3072边形，使圆周率精确到3.1416。

到南北朝的时候，我国出现了一位大数学家、天文学家祖冲之。祖冲之小时候没上过什么学，也没得到过什么名师指点，但是他自学非常刻苦，尤其是对天文、数学有着浓厚的兴趣。他认真阅读了前人有关天文、数学的许多著作，却从来不盲目接受，总要亲自进行测量和推算。他采用刘徽的割圆术，推算出圆周率应该在3.1415926到3.1415927之间。同时，他提出用两个分数作为圆周率的近似值，一个是22/7，叫疏率，约等于3.142857；另一个是355/113，叫密率，约等于3.1415929。祖冲之对圆周率的计算开创了世界纪录，比欧洲早了1000多年。国际上为了纪念这位伟大的中国数学家，把月球上的一座环形山命名为"祖冲之山"。这是我们中华民族的骄傲。

向往完美，向往精确，是人类的天性。尽量把圆周率算得准确，一直是人们的不懈追求。

在古希腊，人们也把圆周率取为3，后来也发现了疏率22/7。直到1573年，数学家奥托才发现了密率355/113，比祖冲之晚了1000多年。

在古埃及的纸草书（以草为纸写的书）中，有一道计算圆形土地面积的题目，所用的方法是：圆的面积等于直径减去直径的1/9，然后再平方。如果假设半径为

1，直径就是2，圆的面积就是2 ÷ 9 × 8再平方，约等于3.16，也就是说圆周率约等于3.16。（因为$S = \pi r^2$，当$r = 1$时，$S = \pi$。）

15世纪时，中亚地区的数学家阿尔·卡西将圆周率计算到了小数点后17位。

16世纪时，法国数学家韦达采用不同的方法，对圆周率进行了研究和计算。

17世纪初，数学家鲁道夫用割圆术使π值精确到小数点后35位，几乎耗费了他一生的大部分心血。

随着数学的发展，人们陆续发明了另外一些计算圆周率的方法。

经过瑞士大数学家欧拉的倡导，人们开始广泛地使用希腊字母π表示圆周率。

英国的尚克斯用了20年的精力，把π值计算到小数点后707位。可惜后来有人用计算机证明，尚克斯的计算结果在小数点后第528位上发生了错误，以致后面的179位毫无意义。一个数字之差，使尚克斯白白耗费了十多年的精力！

计算机出现以后，π值的计算工作有了更大进展。现在，有人已将π值计算到了上亿位，甚至10亿位。

在π近似值的马拉松式的计算竞赛中，人们一直没有发现任何循环现象。希望π是有理数的期望渐渐暗淡了，直到1761年德国数学家兰伯特证明了π是无理数。1882年，德国数学家林德曼证明了π是一个超越数。

满足实际计算的需要，这是π值计算的初衷，因为许多场合会涉及圆周率。但是，计算π值的意义并不单纯是满足实际计算的需要，就近代科学所需要的精密度来说，即使需要几十亿分之一的精确度，也只不过需要用到π的小数点后10位近似小数就足够了。而关于π值多位数的计算却令人发现了它有许多迷人的性质。几千年来，它一直引起人们的极大兴趣，并且现在和将来还会有人不断地进行研究。

第六节 “心形线”的爱情传说

一个没有几分诗人气的数学家永远成不了一个完全的数学家。

——魏尔斯特拉斯

魏尔斯特拉斯，德国数学家，被誉为“现代分析之父”。

有一则饮用水的广告，很多人说看不懂，其实这则广告参照了笛卡尔邂逅瑞典公主克里斯汀的爱情故事。

那时，落魄的笛卡尔过着乞讨的生活，全部的财产只有身上的衣服和随身所带的几本数学书。生性清高的笛卡尔从来不开口请求路人施舍，只是默默地低头在纸上写写画画，潜心于自己的数学研究。

一个宁静的午后，笛卡尔照例坐在街头，沐浴在阳光中研究数学问题。身边过往的人群，喧闹的车马队伍，都无法对他造成干扰。

突然，有人来到他旁边，拍了拍他的肩膀：“你在干什么呢？”

扭过头，笛卡尔看到一张年轻秀丽的脸庞，一双清澈的眼睛如湛蓝的湖水。她就是瑞典公主克里斯汀。

克里斯汀公主蹲下身，拿过笛卡尔的数学书和草稿纸，和他交谈起来。言谈中，笛卡尔发现这个女孩思维敏捷，对数学有着浓厚的兴趣。

和女孩道别后，笛卡尔渐渐忘却了这件事，依旧每天坐在街头写写画画。

几天后，他意外地接到通知，国王聘请他为公主的数学老师。

公主的数学水平在笛卡尔的悉心指导下突飞猛进，他们之间也开始变得亲密起来。笛卡尔向公主介绍了自己研究的新领域——直角坐标系。通过它，代数与几何可以结合起来，这也就是日后笛卡尔创立的解析几何学的雏形。

在笛卡尔的带领下，克里斯汀走进了奇妙的坐标世界，对曲线着了迷。每天的形影不离，也使他们彼此之间产生了爱慕之心。在瑞典这个浪漫的国度里，一段纯粹、美好的爱情悄然萌发。

没过多久，他们的恋情传到了国王的耳朵里。国王大怒，下令马上将笛卡尔处死。在克里斯汀的苦苦哀求下，国王将笛卡尔放逐回法国，公主被软禁在宫中。

身体孱弱的笛卡尔回到法国后不久，便染上重病。在生命进入倒计时的那段日子，他日夜思念的还是街头偶遇的那张温暖的笑脸。他坚持每天给公主写信，盼望着公主的回音。然而，这些信都被国王拦截下来，公主一直没有收到任何消息。

在给克里斯汀寄出第十三封信后，笛卡尔永远地离开了这个世界。此时，被软禁在宫中的小公主依然徘徊在皇宫的走廊里，思念着远方的情人。

笛卡尔寄给公主的最后一封信上没有写一句话，只有一个方程。

国王看不懂，以为这个方程里隐藏着两个人不可告人的秘密，便把全城的数学家召集到皇宫，但是没有人能解开这个函数式。

国王不忍看着心爱的女儿每天闷闷不乐，便把这封信给了她。

拿到信的克里斯汀欣喜若狂，她立刻明白了恋人的意图，找来纸和笔，着手把方程图形画了出来，最后一个心形图案出现在眼前。克里斯汀不禁流下感动的泪水。这条曲线就是著名的“心形线”。

国王去世后，克里斯汀继承了王位，她立刻派人去法国寻找心上人的下落，收到的却是笛卡尔去世的消息……

这封享誉世界的另类情书，至今还保存在欧洲笛卡尔纪念馆里。

也有人说，笛卡尔和克里斯汀的确有过交集。不过，笛卡尔是1649年10月4日应克里斯汀的邀请才来到瑞典的，当时克里斯汀已经成为了瑞典女王。并且，笛卡尔与克里斯汀谈论的主要是哲学问题。有资料记载，由于克里斯汀女王的时间安排很紧张，笛卡尔只能在早晨五点时与她探讨哲学问题。天气寒冷加上过度操劳，笛卡尔不幸患上肺炎，这才是笛卡尔真正的死因。

“心形线”的故事究竟几分是真几分是假，还是留给大家去判断吧！

第七节　正17边形的尺矩作图

从最广泛的意义上说，数学是一种精神，一种理性的精神。正是这种精神，使得人类的思维得以运用到最完善的程度。

——克莱因

克莱因，德国数学家。

1796年的一天，在德国哥廷根大学，高斯吃完晚饭，开始做导师给他单独布置的三道数学题。前两道题，他不费吹灰之力就做了出来。第三道题写在另一张小纸条上：要求只用圆规和没有刻度的直尺，作出一个正17边形。这道题把他难住了，所学过的数学知识竟然对解出这道题没有任何帮助。时间一分一秒地过去了，第三道题竟毫无进展。他绞尽脑汁，尝试着用一些超常规的思路去寻求答案。当窗口露出曙光时，高斯终于解决了这道难题。

当把作业交给导师时，高斯感到很惭愧。他对导师说：“您给我布置的第三道题，我竟然做了整整一个通宵。”

导师看完作业后，激动地对他说：“你知不知道？你解开了一道有2000多年历史的数学难题！阿基米得没有解开，牛顿也没有解开，你竟然一个晚上就解出来了。你是一个真正的天才！”原来，导师也一直想解开这道难题。那天，他是因为拿错了，才将写有这道题目的纸条交给了高斯。

对于这件事情，高斯曾回忆说：“如果有人告诉我，那是一道千古难题，我可能永远也没有信心将它解出来。”

之后，高斯在期刊上发表了自己所发现的正17边形作图法。他显然以此为豪，还要求以后将正17边形刻在自己的墓碑上。然而，高斯的墓碑上并没有刻上正17边形，而是刻着一颗十七角星。原来，负责刻墓碑的雕刻家认为正17边形和圆形太像了，刻出来之后每个人都会误以为是一个圆形。

下面是正17边形的尺矩作图解答步骤。

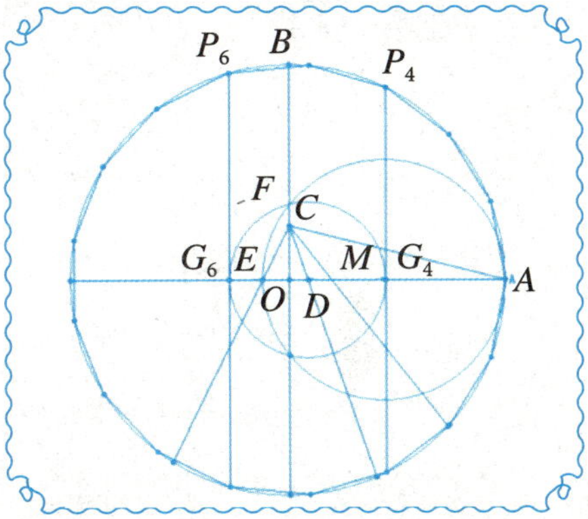

步骤一：

给一圆O作两条垂直的半径OA、OB，

作C点，使$OC=1/4OB$，

作D点，使$\angle OCD=1/4\angle OCA$，

作AO延长线上E点，使得$\angle DCE=45°$.

步骤二：

作AE中点M，并以M为圆心作一圆过A点，此圆交OB于F点.

再以D为圆心，作一圆过F点，此圆交直线OA于G_4和G_6两点.

步骤三：

过G_4作OA垂直线交圆O于P_4，

过G_6作OA垂直线交圆O于P_6，

则以圆O为基准圆，A为正17边形之第一顶点，P_4为第四顶点，P_6为第六顶点.

连接P_4P_6，以1/2弧P_4P_6为半径，在圆上不断截取，即可在此圆上截出正17边形的所有顶点.

第八节　笔尖下发现的行星——海王星的发现

数学是无穷的科学。

——赫尔曼·外尔

赫尔曼·外尔，德国数学家，20世纪上半叶最重要的数学家之一。

海王星是太阳系八大行星中的远日行星。由于它那荧荧的淡蓝色光芒，西方科学家用罗马神话中海神的名字来称呼它。在中文里，把它译为海王星。

在海王星被发现以前，科学家们都是先用肉眼或望远镜观测到行星，再根据观测记录计算其轨道。而海王星刚好相反，是被科学家"预言"出来的。

在19世纪，人们对天王星进行观测时，发现它的运行总是偏离计算出来的轨道。但是其他的行星，观测记录和计算结果却能吻合。这令科学家们很困惑，是万有引力定律有问题，还是有其他原因影响了天王星的正常运行？

1821年，法国科学家布瓦德设想，可能有某种未知的力量作用于天王星。排除了"彗星撞击说""未知星云说"等几种假说之后，许多天文学家相信，在太阳系中还存在一颗比天王星更远的行星，它的引力作用使天王星的运行发生了偏离。可是，天涯无际，到哪里去寻找这颗行星呢？19世纪40年代，天文学界掀起了寻找这颗未知行星的热潮。

1843年，英国剑桥大学22岁的学生亚当斯根据万有引力定律和天王星的观测资料，通过建立行星运动的微分方程，足足用了10个月的时间，终于算出这颗未知行星的位置。这年10月21日，他把算出的结果寄给英国格林尼治天文台台长。但是，这位台长根本不相信亚当斯这样的“小人物”，并未将这一计算结果放在心上。

比亚当斯稍晚，法国巴黎天文台青年数学家勒威耶计算出了这颗新行星的轨道。他写信给当时拥有详细星图的柏林天文台的工作人员伽勒：“请你把望远镜对准黄道上的宝瓶星座，即经度326度的地方，那么你将在离此点1度左右的区域内见到一颗九等星（肉眼所能见到的最弱的星是六等星）。”伽勒按照勒威耶指定的位置观察，果然在半小时内找到一颗以前没有见过的星，距勒威耶计算的位置相差只有52分。经过24小时的连续观察，伽勒发现这颗星在恒星间移动，的确是一颗行星。天文学家经过一段时间的讨论，公认这便是太阳系的第八颗大行星，并根据希腊神话故事把它命名为海王星。这就是人类最早用笔计算出来的行星。

1915年，美国天文学家帕西瓦尔·罗威尔计算出了冥王星的存在。1930年，美国的威廉·汤博真的发现了这颗行星。

海王星和冥王星是由笔头计算出来而被发现的，这种方法后来成为天文学研究的常用方法。自此，天文学的历史又翻开了新的一页。

恩格斯对海王星的发现予以了很高的评价，他在《路德维希·费尔巴哈和德国古典哲学的终结》一书中写道：“哥白尼的太阳系学说有300年之久，一直是一种假说，这个假说尽管有99%、99.9%、99.99%的可靠性，但毕竟是一种假说；而当勒威耶从这个太阳系学说所提供的数据，不仅推算出一定还存在一个尚未知道的行星，而且推算出这个行星在太空中的位置的时候，当后来伽勒确实发现了这个行星的时候，哥白尼的学说就被证实了。”

在探索宇宙的过程中，有的人成功了，有的人则失去了机遇。对于海王星的发现，在当时英法两国为此发现的荣誉归属问题展开了争论，但亚当斯和勒威耶两人则对此处之泰然，该荣誉应当由亚当斯和勒威耶两人共享。

1989年8月25日，美国航天局发射的旅行者2号探测器飞越海王星，这是人类首次用空间探测器探测海王星。

第三章 绝伦逸群
——美丽数学

数学之美，美在自然；数学之美，美在简洁；数学之美，美在和谐；数学之美，美在奇妙。数学美是自然美的客观反映，是科学美的核心。

数学美的内容是丰富的，如数学概念的简单性和统一性、数学系统的协调性和对称性、数学命题的概括性和典型性、数学模型的抽象性和普遍性、数学思维的奇异性和合理性等都是数学美的具体内容。

数学美的表现形式又是多种多样的，从外在形象上看，有体系之美、概念之美、公式之美；从思维方式上看，有简约之美、无限之美、抽象之美、类比之美；从美学原理上看，有对称之美、和谐之美、奇异之美等。此外，数学还有着完美的符号语言、特有的抽象艺术、严密的逻辑体系、永恒的创新动力等特点。

简单地说，数学美有三大特征，即简洁性、和谐性和奇异性。简洁性是数学美的首要特点。数学家莫德尔说过：“在数学美的各个属性中，首先要推崇的大概是简单性了。”和谐性是数学美的追求准则。美与和谐是数学家追求数学美的准则，也是数学家建立数学理论的依据。奇异性是数学美的魅力所在，数学中的不少结论、解题方法巧妙无比、出人意料、令人叫绝。正是因为这一点，数学才有无穷的魅力。

第一节　高雅优美的"自然科学的皇后"

数学，如果正确地看她，不但拥有真理，而且具有至高的美。

——罗素

罗素，英国哲学家、数学家、逻辑学家、历史学家，也是20世纪西方最著名、影响最大的学者和和平主义社会活动家。

美的事物，总是令人们醉心不已。通常一提到美，人们最容易想到的是"江山如此多娇"的自然美，抑或是悦目的图画、动听的乐章、精妙的诗文等艺术美。然而，数学，这"自然科学的皇后"，蕴含比诗画更美丽的境界。正如古希腊毕达哥拉斯学派的学者所说："哪里有数，哪里就有美。"

人类对数学的认识，最早是从自然数开始的。看似极普通的自然数里面，其实就埋藏着数不尽的奇珍异宝。古希腊的毕达哥拉斯学派对自然数很有研究，当他们将这数不尽的奇珍异宝的一部分挖掘出来并呈现于人们面前时，人们就被这数的美所震撼了。

毕达哥拉斯将自然界和谐统一于数。他认为，数本身就是世界的秩序。他有一句名言是："万物皆数。"在一次集会上，一位学者提出了疑问："在我结交朋友时，也存在着数的作用吗？"毕达哥拉斯说："朋友是你灵魂的倩影，要像220与284一样亲密。"随后毕达哥拉斯解释道，220的全部真因子之和1+2+4+5+10+11+20+22+44+55+110恰好等于284，而284的全部真因子之和

1+2+4+71+142又恰好等于220，它们是一对奇妙的亲和数。真正的朋友也像它们那样。学者们为毕达哥拉斯的妙喻折服了，更为这“你中有我，我中有你”的美妙的亲和数震撼了。人们惊叹道，亲和数的关系太微妙了。随着研究的深入，人们又发现了更奥妙的高阶亲和数——联谊数。于是，狭隘的两人天地扩展为多人世界，似乎它们也懂得了“再完美的两人世界也不能代表人世间所有的美丽”的道理。

6也是一个美的数字。古代意大利曾把它作为美满婚姻的象征，因为它恰好等于其所有真因子1，2，3之和，多么完美的性质！因此，人们称这类数为完全数或完美数，而6正是其中最小的一个。

另外，勾股数、质数……所具有的美妙性质，也引得无数英雄竞折腰。

许多人为探寻费马大定理、哥德巴赫猜想的奥妙而“三月不知肉味”。而幻方，作为数学世界的百慕大三角，正是这奇珍中最耀目的一颗。最初的幻方，是我国所谓神龟背上的法宝——洛书的图形。这是一个三阶幻方，古代人为它的美妙与神秘所吸引，甚至曾把它作为护身符挂在身上。而后，人们又找到了超魔方阵，以及令人叹为观止的双料幻方，其形式也从平面正方图形扩展为多角形图、立体图、圆图……花色满目，美不胜收。而对幻方研究工作进行得越深入，研究得越细致，它的奇巧特点就越层出不穷，它所呈现出的美也就越令人震撼。

这些是普通的自然数所玩的无穷花样中的一部分。而无穷尽的数正像辽阔的海洋，其深处蕴含一个五彩缤纷的世界。当畅游其中时，你会为这无垠海洋中数不尽的奇珍的美而陶醉，甚而你也许会有幸步入龙宫，见到更加奇伟怪丽、五彩斑斓的景象。这时，你肯定会由衷地赞叹一声：“哪里有数，哪里就有美。”

审美实践告诉我们，人们对美的感受都是直接由形式引起的。但数学的形式美不单纯地表现在自然数所玩的这些许花样上，和谐的比例与优美的曲线或图形都能给人以强烈的形式美的享受。

在和谐的比例中，最负盛名的是被开普勒称为“欧氏几何学两颗明珠”之一的黄金分割。它成为人们普遍喜爱的美的比例，并被广泛应用，艺术家利用它塑造了令人赞叹的艺术珍品，科学家利用它创造了丰硕的科技成果。这神圣的比例值也被抬高了身价，被称为黄金数，成了宇宙的美神。人类最优美的身段遵循着这个黄金分割比，令人心旷神怡的花凭借的也是这个美的密码，就连芭蕾舞艺术的魅力也离不开它。真是哪里有黄金数，哪里就有美的闪光。

优美的曲线同样带给人们美的享受，如得之于自然界的四叶玫瑰线、对数螺线及应用于建筑中的超椭圆曲线等。在华盛顿一座博物馆的门口，有一座奇特的数学纪念碑，碑上是一个八英尺高的不锈钢制的莫比乌斯带，它日夜不停地旋转着，带给人们美感享受的同时，又昭示出人类正如它一样永无休止地前进着。

在数学的园地里，完全正方形作为一朵沁人心脾的奇花，曾陶醉过无数的观赏者！五种正多面体以其形式美带来的神秘感，使古代人曾把它们分别作为火、风、水、土、空气的象征，而这五种图形的总名便是宇宙。黄金矩形是最令人心醉的优美图形之一，日常生活中的许多物品诸如柜子、图书、杂志、火柴盒乃至国旗都采用了这一优美的图形。

对称均衡是数学形式美的主要特征。各种对称或均衡图形，如等边三角形、圆、双曲线以及著名的杨辉三角形等，都带给人们美的享受。

然而，数学带给人们的美远不止这种直观的形式美。正如人的美不单在外表而更在内心一样，数学的深刻的本质美在于它内在奇妙结构完美的和谐统一性。

数学中的美，不是以艺术家所用的色彩、线条、旋律等形象语言表现出来的，而是把自然规律抽象成一些概念、定理或公式，并通过演绎而构成一幅现实世界与理想空间的完美图像。

数学内在美的标准在于它的真实、准确、简洁、和谐与统一。

真中见美，是数学内在美的重要特征之一。真与美总是紧密相连的，而数学堪称真的楷模。正确性是数学的绝对准则。这种真，源于生活，而高于生活。如从实践中得到的点、线、面，就是高于生活的、完美的、理想化的图形，因为理想线段只具有长度，两条完美的理想直线相交于一个理想的、完美的点，而这个点除了位置以外竟压根儿就没有大小。数学中所定义的圆，比任何画家和文学家所能描绘的圆都更加完美无缺。正是这种真实与正确，使数学显示出它特有的美的魅力，使它能延续几千年乃至永久。

简洁性、和谐性与统一性三者的结合，是数学内在美的另一重要特征。简洁是数学引人注目的美感之一，通行世界的符号可算是最简洁的文字，精练准确的数学概念和定理的表述可算是最简洁的语言。数学以其简洁的形式，从一组简洁明了的公理、概念出发，而推证出各种令人惊叹的定理和公式，使人们洞察到其内在的和谐性和秩序性，从中产生一种崇高博大、妙不可言的审美感受。从一组定义、公理出发，演绎出一套逻辑体系，从而建成一座巍峨的数学大厦，这是众多数学家乐意玩的游戏。欧几里得正是玩这种游戏的第一位大家，当他把欧氏几何的逻辑体系呈现出来时，世人被这一壮举折服了、迷住了。爱因斯坦感叹，这是人类一个可赞叹性的胜利。更有人断言，能觊觎美神真面目的，唯欧几里得一人而已。

“二战”后的布尔巴基学派更是把数学公理化的浪潮推向了高峰。数学的严谨性和简洁性在这一浪潮中得到了充分的体现。这时的数学，遵循着“不漏不重原则”。数学家找到的那组公理，应该是少一个不行、多一个不要，在不多不少、恰好够用的公理基础上，得出一套严谨的逻辑体系，建成一座座数学的大厦。毕达哥拉斯说过：“凡是美的东西都有共同的特性，那就是部分与部分之间及部分与整体之间的协调一致。”这种协调一致产生的和谐美，在一座座数学大厦中都得到了体现。当随着数学的发展，一座座原本各自为政、不通有无的数学大厦之间忽然架起各式各样的友谊之桥时，人们为这以前没有认识到的亲缘关系而大吃一惊，同时产生一种出乎意料、不期而遇的美的享受，更领略到数学内部结构的和谐美。例如，早期的代数与几何曾若即若离，而当两者之间的友谊信鸽——解析几何——诞生后，两者紧密地联系在一起，再也分不开了。如今，数形统一的观点早已深入人心，人们亦从中感受到了数和形的调和美。再如，概率学作为研究偶然现象的科学，因其显得特异，甚至曾一度被排斥在数学殿堂之外，而当实变函数论形成后，它作为一种特殊的测度，理所当然地被请进了数学的大雅之堂。现在，各个数学分支间已形成了各式各样、错综复杂的关系网，一座座原先孤立的数学大厦已联结成为一个整体，数学已成为由各个数学分支紧密结合而成的和谐统一体。这时，数学家似乎可以高枕在数学大厦之巅，让世人尽情观摩数学的美了。但是没有，如同物理学家总是醉心于寻求"宇宙之砖"一样，数学家还要探求建成数学大厦的基石。

20世纪初，康托尔的集合论被普遍接受后，庞加莱自信地在国际数学家大会上宣称："数学的严格性，看来直到今天才说是实现了。"集合论奠定了数学大厦的基础，使得数学的最后基石和终极意义问题获得了圆满的解决。直到这时，数学的美才在世人面前一览无余。人们已经能够直接领略到数学内部结构有机联系的美妙图景，并为这种美所陶醉了。

罗丹说："自然总是美的。"伽利略则宣称："自然之书是用数学语言写成的。"数学总是美的，数学是美的科学。

第二节　巧妙的数字之塔

整数的简单构成，若干世纪以来一直是使数学获得新生的源泉。

——伯克霍夫

伯克霍夫，美国数学家。

在河南省郑州市，有一座举世闻名的千年古刹——少林寺。少林寺中，为了缅怀历代高僧而兴建的纪念塔群，俗称"塔林"，其中宝塔数量之众多，造型之独特，令人印象深刻。说到宝塔，就不由得让人想起在数学世界中也有一种由数字组成的宝塔，即数字宝塔。这些数字宝塔，体现了数学的和谐美、对称美、序列美和节奏美。

$1\times1=1$

$11\times11=121$

$111\times111=12321$

$1111\times1111=1234321$

$11111\times11111=123454321$

$111111\times111111=12345654321$

$1111111\times1111111=1234567654321$

$11111111\times11111111=123456787654321$

$111111111\times111111111=12345678987654321$

$7\times7=49$

$67\times67=4489$

$667\times667=444889$

$6667\times6667=44448889$

$66667\times66667=4444488889$

$666667\times666667=444444888889$

$6666667\times6666667=44444448888889$

$66666667\times66666667=4444444488888889$

$1\times9+2=11$

$12\times9+3=111$

$123\times9+4=1111$

$1234\times9+5=11111$

$12345\times9+6=111111$

$123456\times9+7=1111111$

$1234567\times9+8=11111111$

$12345678\times9+9=111111111$

$123456789\times9+10=1111111111$

$9\times9+7=88$

$98\times9+6=888$

$987\times9+5=8888$

$9876\times9+4=88888$

$98765\times9+3=888888$

$987654\times9+2=8888888$

$9876543\times9+1=88888888$

$98765432\times9+0=888888888$

$3\times4=12$

$33\times34=1122$

$333\times334=111222$

$3333\times3334=11112222$

$33333\times33334=1111122222$

$333333\times333334=111111222222$

$3333333\times3333334=11111112222222$

$33333333\times33333334=1111111122222222$

$$1=\frac{1\times1}{1}$$

$$121=\frac{22\times22}{1+2+1}$$

$$12321=\frac{333\times333}{1+2+3+2+1}$$

$$1234321=\frac{4444\times4444}{1+2+3+4+3+2+1}$$

$$123454321=\frac{55555\times55555}{1+2+3+4+5+4+3+2+1}$$

$$12345654321=\frac{666666\times666666}{1+2+3+4+5+6+5+4+3+2+1}$$

$1\times8+1=9$

$12\times8+2=98$

$123\times8+3=987$

$1234\times8+4=9876$

$12345\times8+5=98765$

$123456\times8+6=987654$

$1234567\times8+7=9876543$

$12345678\times8+8=98765432$

$123456789\times8+9=987654321$

$7\times9=63$

$77\times99=7623$

$777\times999=776223$

$7777\times9999=77762223$

$77777\times99999=7777622223$

$777777\times999999=777776222223$

$7777777\times9999999=77777762222223$

第三节　千古第一定理——勾股定理

几何学有两大珍宝，一个是毕达哥拉斯定理，另一个是黄金分割。

——开普勒

开普勒，德国天文学家、物理学家和数学家。

勾股定理是人类文明史上光彩夺目的一颗明珠，是人类认识最早、关注最多、证明最多、应用最广的一个定理，堪称千古第一定理，它与黄金分割一起，被誉为几何学的两大珍宝。

三角形是平面几何中最简单的直边封闭图形，许多平面、立体图形的计算和应用都可以归结成三角形问题来解决。而在三角形中，直角三角形是一类极重要的特殊三角形，也是人类最早认识和感兴趣的一类三角形，任何三角形都可以分解为两个直角三角形。所谓勾股定理，就是直角三角形两直角边边长的平方和等于斜边边长的平方。也就是说，设直角三角形两直角边分别为a和b，斜边为c，那么 $a^2+b^2=c^2$ 。反过来，三边长满足上述关系的三角形，也一定是直角三角形。

在我国古代，人们把弯曲成直角的手臂的上半部分（靠近手掌）称为勾，下半部分称为股。后来，我国古代学者便把直角三角形较短的直角边称为勾，较长的直角边称为股，斜边称为弦。

一、勾股定理的重要性

勾股定理是历史上第一个把数与形联系起来的定理，即第一个把几何与代数联系起来的定理。

勾股定理导致了无理数的发现，引起了第一次数学危机，大大加深了人们对数的理解。

勾股定理是历史上第一个给出了完全解答的不定方程，引出了费马大定理。

勾股定理是欧氏几何的基础定理，并有巨大的实用价值。这条定理不仅在几何学中是一颗光彩夺目的明珠，被誉为“几何学的基石”，而且在高等数学和其他科学领域也有着广泛的应用。

1971年5月15日，尼加拉瓜共和国发行了一套题为“改变世界面貌的十个数学公式”邮票，这十个数学公式由著名数学家选出，勾股定理便是其中之一。甚至还有人提出过这样的建议：在地球上建造一个大型装置，以便向可能来访的“天外来客”表明地球上存在智慧生命，最适合的装置就是一个象征勾股定理的巨大图形，因为人类相信，一切有知识的生物都必定知道这个非凡的定理。2002年8月，在北京召开的国际数学家大会会徽就取材于我国古代数学家赵爽的“勾股圆方图”。

二、勾股定理的历史

勾股定理或勾股弦定理，又称毕达哥拉斯定理或毕氏定理，是一个基本的几何定理。西方传统上认为，这个定理是由古希腊的毕达哥拉斯所证明。据说毕达哥拉斯证明这个定理后，斩了一百头牛以示庆祝，因此勾股定理又被称为“百牛定理”。在我国，《周髀算经》记载了勾股定理的一个特例，相传是由商高发现的，故勾股定理又被称为“商高定理”。

在西方，毕达哥拉斯的名字可以说是尽人皆知。实际上，早在毕达哥拉斯之前，许多地区的先民已经发现了这个事实，而且巴比伦、埃及、中国、印度等地的发现都有真凭实据，有案可查。相反，毕达哥拉斯的著作却没有留传下来，关于他的种种传说都是后人辗转传播的。因为现代的数学和科学来源于西方，而西方的数学及科学又来源于古希腊，古希腊流传下来的最古老的著作是欧几里得的《几何原本》，而其中许多定理再往前追溯自然就落在了毕达哥拉斯的头上，因此毕达哥拉斯常常被推崇为“数论的始祖”，而在他之前的泰勒斯被称为“几何的始祖”，西方的数学史一般就上溯到此为止了。

在古代中国，约公元前11世纪，数学家商高就提出了“勾三、股四、弦五”。《周髀算经》中记录着商高同周公的一段对话。商高说：“……故折矩，以为勾广三，股修四，径隅五。”意为，当直角三角形的两条直角边分别为3（勾）和4（股）时，径隅（弦）则为5。之后，人们就简单地把这个事实说成“勾三股四弦五”。

公元3世纪，三国时代的赵爽对《周髀算经》内的勾股定理进行了详细注释——“勾股各自乘，并之，为弦实。开方除之，即弦”。赵爽创制了一幅“勾股圆方图”，用形数结合的方法，给出了勾股定理的详细证明。后来，刘徽亦证明了勾股定理。

在清朝末年，数学家华蘅芳提出了20多种对勾股定理的证法。

远在公元前约3000年，古巴比伦人就知道并应用了勾股定理，他们还知道许多勾股数组。美国哥伦比亚大学图书馆内收藏着一块编号为“普林顿322”的古巴比伦泥板，上面就记载了很多勾股数。古埃及人在建筑宏伟的金字塔和测量尼罗河泛滥后的土地时，也应用了勾股定理。

三、勾股定理的证明

公元前6世纪，希腊数学家毕达哥拉斯证明了勾股定理，因而西方人都习惯地称这个定理为毕达哥拉斯定理。

公元前4世纪，希腊数学家欧几里得在《几何原本》中给出了一个证明。

1876年，美国数学家加菲尔德在《新英格兰教育月刊》上发表了他对勾股定理的一个证明方法。

勾股定理是几何学中的明珠，千百年来，人们对它的证明趋之若鹜，其中有著名的数学家、画家，也有数学业余爱好者；有普通的老百姓，也有尊贵的政要权贵，甚至有美国总统。也许是因为勾股定理既重要又简单又实用，更容易吸引人，所以才反复被人论证。有一本名为《毕达哥拉斯命题》的书，其中收集了367种关于勾股定理的不同的证明方法。实际上还不止于此，有资料表明，关于勾股定理的证明方法已有500余种，仅我国清末数学家华蘅芳就提出了20多种精彩的方法。所以说，勾股定理不仅是人类发现的第一个定理、第一个不定方程，更是证明方法第一多的定理。

四、勾股定理的推广

人们对勾股定理感兴趣的原因，还在于它可以推广。

欧几里得在《几何原本》中给出了勾股定理的推广定理：直角三角形斜边上的一个直边形，其面积为两直角边上两个与之相似的直边形面积之和。

从上面这一定理可以推出下面的定理：以直角三角形的三边为直径作圆，则以斜边为直径所作圆的面积等于以两直角边为直径所作两圆的面积和。

勾股定理还可以推广到空间：以直角三角形的三边为对应棱作相似多面体，则斜边上的多面体的表面积等于直角边上两个多面体表面积之和。若以直角三角形的三边为直径分别作球，则斜边上的球的表面积等于两直角边上所作两球表面积之和。

毕达哥拉斯曾根据勾股定理画出来一个可以无限重复的图形，又因为重复数次后的形状好似一棵树，所以被称为毕达哥拉斯树，这是数学中最美丽的图形之一。

五、勾股数

作为三角形的三边边长，其数值可以是任意正实数。在勾股定理中，人们更关心的是边长为正整数的情况，把满足勾股定理的三个正整数组称为勾股数（组），又称为毕达哥拉斯数（组）或毕氏三元数。

勾股数出现得较早，如埃及的纸草书里面就有（3，4，5）这一组勾股数，而一块成文约在公元前1900年至公元前1600年的巴比伦泥板上记载了十几组勾股数。后来，中国、印度与阿拉伯的数学书中也有相关记载。

金朝数学家李冶在《测圆海镜》一书中，讨论了15个勾股形各边和容圆直径的关系，建立了系统的天元术，其中用到了多组勾股数作为例子。

关于由勾股定理形成的不定方程，一个简单而明显的事实是，如果（a，b，c）是一组解，即勾股数，则对于任意整数k，（ka，kb，kc）也是一组勾股数，这说明，勾股数如果存在，就有无穷多组，而要求得所有的勾股数，只需要寻求那些三数互素的素勾股数即可。那么，素勾股数有没有统一的表达式呢？从数学发展的角度来看，找出这样的表达式是数学研究的一个质的飞跃。

公元前6世纪的毕达哥拉斯学派就已找到了一个表达式，这就是：

$$\begin{cases} a = m \\ b = \frac{1}{2}(m^2 - 1) \\ c = \frac{1}{2}(m^2 + 1) \end{cases}$$

其中m为奇数。

公元前4世纪至公元前5世纪，主要进行几何学体系和几何学基础方面研究的柏拉图学派也得到一个类似的表达式：

$$\begin{cases} a = 2m \\ b = m^2 - 1 \\ c = m^2 + 1 \end{cases}$$

其中m是偶数。例如，（8，15，17）就是一组这样的素勾股数。

但是，不论是毕达哥拉斯学派的表达式，还是柏拉图学派的表达式，都未能包含所有的素勾股数。

丢番图在研究二次不定方程时，对勾股数问题进行了进一步的研究，给出了如下的法则，若m，n是两个正整数，且$2mn$是完全平方数，则有：

$$\begin{cases} a = m + \sqrt{2\text{mn}} \\ b = n + \sqrt{2mn} \\ c = m + n + \sqrt{2mn} \end{cases}$$

值得一提的是，在我国古代数学巨著《九章算术》中，也记载了一组求勾股数的公式：

$$\begin{cases} a = m + \sqrt{2\text{mn}} \\ b = n + \sqrt{2mn} \\ c = m + n + \sqrt{2mn} \end{cases}$$

其中m大于n，且奇偶性相同。与丢番图同时代的我国魏晋时期数学家刘徽，在对《九章算术》注释时用几何方法对这一公式进行了严格的证明，这一结果是迄今为止对勾股数最为完美的表示之一。

勾股定理，是当之无愧的人类历史上的一颗光彩夺目的明珠，更是“几何学的基石”。我们相信，随着时间的推移，它的内容会更加丰富，会散发出更加耀眼的光芒！

第四节　神奇的黄金分割

数学的主要目标是大众的利益和自然现象的解释。

——傅里叶

傅里叶，法国著名数学家、物理学家。

黄金分割是指把一条线段分割为两部分，使其中一部分与全长之比等于另一部分与这部分之比。其比值是一个无理数，我们一般取其近似值——0.618。这个分割点就叫作黄金分割点，一条线段上有两个黄金分割点。

公元前6世纪，古希腊的毕达哥拉斯学派便研究过正五边形和正十边形的作图，因此关于黄金分割的研究，大多数人认为来自毕达哥拉斯学派。

公元前4世纪，古希腊数学家欧多克索斯第一个系统地研究了这一问题，并建立起比例理论。

公元前300年前后，欧几里得撰写的《几何原本》一书，吸收了欧多克索斯的研究成果，进一步系统论述了黄金分割，成为最早的有关黄金分割的论著。

黄金分割在文艺复兴前后，经阿拉伯人传入欧洲，受到了欧洲人的欢迎，被称为"金法"。17世纪欧洲的一位数学家甚至称它为"各种算法中最可宝贵的算法"。这种算法在印度被称为"三率法"或"三数法则"，也就是我们现在常说的比例方法。

中世纪后，黄金分割被披上神秘的外衣。意大利数学家帕乔利将黄金分割比称为神圣比例，并专门为此著书立说。德国天文学家开普勒称黄金分割为神圣分割。

到19世纪，黄金分割这一名称才逐渐通行。黄金分割数有许多有趣的性质，人类对它的实际应用也很广泛。最著名的例子是优选学中的黄金分割法或0.618法，是由美国数学家基弗于1953年首先提出的，20世纪70年代由华罗庚提倡在中国推广开来。

黄金分割是数学上的一种比例关系，应用时一般取0.618，就像圆周率在应用时取3.14一样。黄金分割具有严格的比例性、艺术性、和谐性，蕴藏丰富的美学价值。

黄金分割在几何作图、建筑设计、美术、音乐、艺术以及日常生活等方面都有着极其广泛的作用，它和古希腊著名学者毕达哥拉斯发现的勾股定理齐名，被誉为“几何学中的两大珍宝”。

很能说明问题的例子是五角星和正五边形。五角星是非常美丽的图形，因为在五角星中可以找到的所有线段之间的长度关系都是符合黄金分割的。正五边形的对角线连满后出现的所有三角形，都是黄金分割三角形。

黄金分割在建筑或造型中处处展示着数学的美感。上海的东方明珠电视塔设计巧妙、挺拔秀丽，巴黎的埃菲尔铁塔设计新颖独特，印度的泰姬陵完美对称、美轮美奂，古埃及的金字塔姿态雄浑而优雅，还有古希腊的巴特农庄神庙……这些举世瞩目的建筑中都蕴藏神奇的黄金分割。

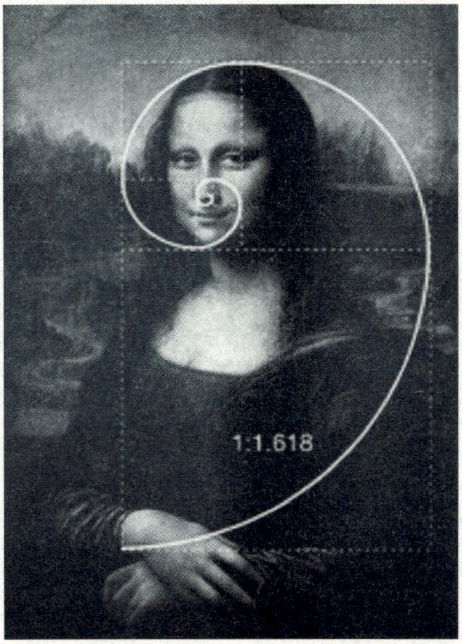

高雅的艺术殿堂里自然也留下了黄金分割的足迹。画家们发现，按0.618：1来设计腿长与身高的比例，画出的人体身材最优美，因此女神维纳斯及太阳神阿波罗的形象都通过故意延长双腿，使之与身高的比值为0.618，从而创造出艺术美。

希腊古城雅典有一座用大理石砌成的神庙，神庙大殿中央的女神像是用象牙和黄金雕成的，体态轻柔优美。经专家研究发现，她的身体从脚跟到肚脐间的距离与整个身高的比值，恰好是0.618。

《希腊的神话和传说》一书中，描绘了96幅图，图中的美人都妩媚无比、婀娜多姿。如果仔细量一下，她们的腰长和身高比大多符合黄金分割。

莫扎特、贝多芬、肖邦都是音乐界的顶尖人物，他们的乐曲也和黄金分割有着密不可分的关系。如莫扎特的《D大调奏鸣曲》，第一乐章共有160小节，高潮部位在第99小节，恰恰落在了黄金分割点上。据数学家统计，在莫扎特所有的钢琴奏鸣曲中，有94%的乐曲符合黄金分割，这个结果令人惊叹。我们不知道，莫扎特是有意识地让自己的乐曲符合黄金分割，抑或只是一种纯直觉的巧合现象呢？然而美国的另一位音乐家认为，创作这些不朽作品的莫扎特正是一位喜欢数字游戏的天才，或许莫扎特是懂得黄金分割，并有意识地运用它的。

艺术家们认为，弦乐器的琴码放在琴弦的0.618处，能使琴声更加柔和甜美。

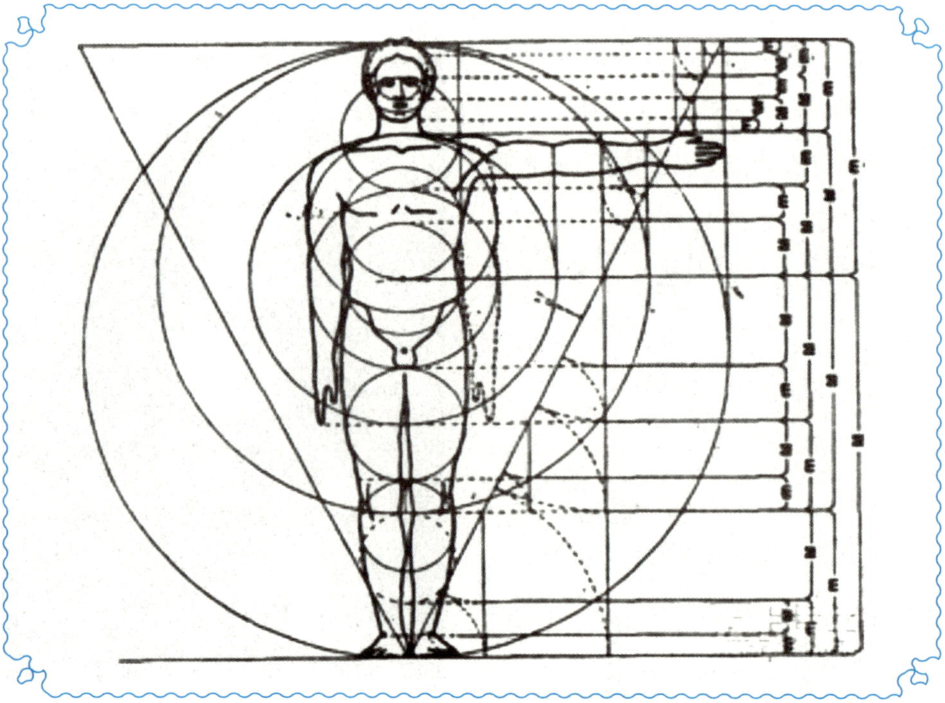

黄金分割也与艺术家的创造力有关。研究人员选取了200名世界上最著名的艺术家的作品，对其画作销售纪录进行统计后发现，大部分艺术家创作出最昂贵作品的年龄是在42岁左右，将这个年龄除以他们寿命的平均值后，得数为0.6198，这个数字与0.618极为接近。研究还发现，即使是一些英年早逝的天才，他们也是在自己生命的黄金分割点前后创作出了自己最伟大的作品。

据研究，从猿到人的进化过程中，骨骼方面以头骨和腿骨的变化最大，躯体外形由于近似黄金矩形而变化最小，人体结构中有许多比例关系接近0.618，从而使人体美在几十万年的历史积淀中固定下来。人类最熟悉自己，势必将人体美作为最高的审美标准，由物及人，由人及物，推而广之，凡是与人体相似的物体就喜欢它，就觉得美。于是，黄金分割作为一种重要的形式美法则，成为世代相传的审美经典规律，至今不衰！

植物的生长也与黄金分割有关。植物的叶子千姿百态，但在茎上的排列顺序（称为叶序）是极有规律的。从植物茎的顶端向下看，细心观察，你会发现上下层中相邻的两片叶子之间约成137.5°。如果每层叶子只画一片来代表，第一层和第二层的相邻两叶之间的角度约是137.5°，之后的第二层到第三层、第三层到第四层、第四层到第五层……两叶之间都成这个角度数。植物学家经过计算表明，这个角度对叶子的采光、通风来说是最佳的。

黄金分割是我们在生活中接触比较多的数学美学问题。有了它，生活就显得更多彩。0.618被公认为最具审美意义、最能引起人的美感的比例，黄金分割的超凡魅力已渗透在我们生活的方方面面，它无处不在。

第五节　欧几里得几何——数学的圣经

能精此书者，无一事不可精，好学此书者，无一事不可学。

——徐光启

徐光启，字子先，号玄扈，我国明末数学家、科学家、农学家、政治家、军事家。

欧几里得几何，简称欧氏几何，其创始人是欧几里得。欧几里得是古希腊著名的数学家，被称为"几何之父"，著有《几何原本》《已知数》《纠错集》《圆锥曲线论》《曲面轨迹》《观测天文学》等。遗憾的是，除了《几何原本》以外，这些都没有流传下来，而是消失在历史的长河之中了。

在欧几里得以前，古希腊人已经积累了大量的几何知识，并开始用逻辑推理的方法去证明一些几何命题的结论。欧几里得这位伟大的几何建筑师在前人准备的"木石砖瓦"的基础上，天才般地按照逻辑系统把几何命题整理起来，建成了一座巍峨的几何大厦，完成了数学史上的光辉著作——《几何原本》。这本书的问世，标志着欧氏几何学的建立。这部科学著作是发行最广且使用时间最长的书。后又被译成多种文字，共有2000多种版本，在西方是仅次于《圣经》而流传最广的书籍。它的问世，是整个数学发展史上意义极其深远的大事，也是整个人类文明史上的里程碑。2000多年来，这部著作在几何教学中一直占据着主导地位，至今其地位也没有被动摇。

欧几里得把人们公认的一些几何知识作为定义和公理，在此基础上研究图形的性质，推导出一系列定理，组成演绎体系，写出《几何原本》，形成了欧氏几何。在其公理体系中，最重要的是平行公理，按所讨论的图形在平面上或空间中的不同分别称为平面几何与立体几何。

一、一座不朽的丰碑

欧几里得将早期许多没有联系和未予严谨证明的定理加以整理，写出《几何原本》一书，使几何学变成一座建立在逻辑推理基础上的不朽丰碑。这部划时代的著作共分13卷，书中包含了5个假设、5条公设、23个定义和48个命题。其中有8卷讲述几何学，包含了现在中学所学的平面几何和立体几何的内容。但《几何原本》的意义绝不限于其内容的重要，或者其对定理的出色证明，真正重要的是欧几里得在书中创造的一种被称为公理化的方法。

在证明几何命题时，每一个命题总是从前一个命题推导出来的，而前一个命题又是再从前一个命题推导出来的。我们不能这样无限地推导下去，应有一些命题作为起点。这些作为论证起点，具有自明性，并被公认下来的命题称为公理，如“两点确定一条直线”。同样有些不加定义的原始概念，如点、线等。在一个数学理论系统中，我们尽可能少地选取原始概念和不加证明的若干公理，以此为出发点，利用纯逻辑推理的方法，把该系统建立成一个演绎系统，这样的方法就是公理化方法。欧几里得采用的正是这种方法。他先摆出公理、公设、定义，然后有条不紊地由简单到复杂地证明一系列命题。他以公理、公设、定义为要素，作为已知，先证明了第一个命题，然后又以此为基础，来证明第二个命题。如此下去，证明了大量的命题。其论证之精彩，逻辑之周密，结构之严谨，令人叹为观止。零散的数学理论被他成功地编织为一个从基本假定到最复杂结论的系统。因而在数学发展史上，欧几里得是成功而系统地应用公理化方法的第一人，他的工作被公认为最早用公理化方法建立起演绎的数学体系的典范。正是从这层意义上，欧几里得的《几何原本》对数学的发展起到了巨大而深远的影响，在数学发展史上树立了一座不朽的丰碑。

二、欧氏几何的完善

公理化方法几乎已经渗透于数学的每一个领域，对数学的发展产生了不可估量的影响，公理化结构已成为现代数学的主要特征。而作为完成公理化结构的最早的典范——《几何原本》，用现代的标准来衡量，在逻辑的严谨性上还存在着不少缺点。如一个公理系统都有若干原始概念（或称不定义概念），如点、线、面就属于这一类。欧几里得对这些都下了定义，但定义本身含混不清。另外，其公理系统也不完备，许多证明不得不借助直观来完成。此外，个别公理不是独立的，即需要由其他公理推出。这些缺陷直到1899年在德国数学家希尔伯特的《几何基础》一书中才得到了弥补。在这部名著中，希尔伯特成功地建立了欧几里得几何的完整、严谨的公理体系，即所谓的希尔伯特公理体系。这一体系的建立，使欧氏几何成为一个逻辑结构非常严谨而完善的几何体系，也标志着欧氏几何完善工作的终结。

三、欧氏几何的意义

由于欧氏几何具有鲜明的直观性，并使用了严密的逻辑演绎方法，经长期的实践证明，它已成为培养、提高青少年逻辑思维能力的好教材。历史上不知有多少科学家从几何学习中受益，从而作出了伟大的贡献。

少年时代的牛顿在剑桥大学附近的书店里买了一本《几何原本》，刚开始他认为这本书的内容没有超出常识范围，因而并没有认真地去读它。后来，牛顿在参加特列台奖学金考试的时候落选，当时的考官对他说："因为你的几何基础知识太贫乏，无论怎样用功也是不行的。"这席话对牛顿的触动很大。于是，牛顿又重新把《几何原本》从头到尾地反复进行了深入钻研，为以后的科学工作打下了坚实的数学基础。

近代物理学的巨匠爱因斯坦也精通几何学，并且应用几何学的思想方法开创了自己的研究工作。爱因斯坦在回忆自己曾走过的道路时，特别提到"几何学的这种明晰性和可靠性给我留下了一种难以形容的印象"。后来，几何学的思想方法对他的研究工作确实有很大的启示。他多次提出，物理学研究工作也应当在逻辑上从少数几个所谓公理的基本假定开始。在狭义相对论中，爱因斯坦就是运用这种思想方法，把整个理论建立在两条公理——相对原理和光速不变原理上。

在几何学发展的历史中，欧几里得的《几何原本》发挥了重大的历史作用。这种作用归结到一点，就是提出了几何学的“根据”和它的逻辑结构问题。《几何原本》就是用逻辑的链条由此及彼地展开全部几何学体系，这项工作是前人未曾做到的。但是，在人类认识的长河中，无论怎样高明的前辈和名家，都不可能把问题全部解决。由于历史条件的限制，欧几里得在《几何原本》中提出的几何学“根据”问题并没有得到彻底的解决，他的理论体系并不是完美无缺的。例如，对直线的定义实际上是用一个未知定义来解释另一个未知定义，这样的定义不可能在逻辑推理中起什么作用。又如，欧几里得在逻辑推理中使用了“连续”的概念，但是在《几何原本》中从未提到过这个概念。

据说，托勒密国王曾向欧几里得讨教学习几何学的捷径。欧几里得答道：“几何无王者之道。”意思是说，在几何学里，没有一步登天的捷径，只有一步一个脚印，踏踏实实地学习，才能学有所成。这句话成为千古传颂的箴言。

一个学生刚开始学习第一个命题，就问欧几里得学习了几何学之后将会得到些什么。欧几里得对身边的侍从说：“给他三个钱币，因为他想在学习中获取实利。”

第六节　奇妙的第五公设

19世纪最有启发性和值得重视的数学成就，我认为是，……高斯、波尔约和罗巴切夫斯基发现的非欧几何。

——希尔伯特

希尔伯特，德国数学家，是19世纪和20世纪初最具影响力的数学家之一。

第五公设也叫平行公设，因是《几何原本》中五条公设的第五条而得名。这是欧几里得几何中一条与众不同的公理，比前四条要复杂。平行公设是说：同平面内一条直线和另外两条直线相交，若在直线同侧的两个内角之和小于180°，则这两条直线经无限延长后在这一侧一定相交。假设所有欧几里得公设成立的几何是欧几里得几何，其中包括平行公设。平行公设不成立的则称为非欧几里得几何 ，简称非欧几何。不依赖平行公设的几何，也就是只假设前四条公设成立的，称为绝对几何。

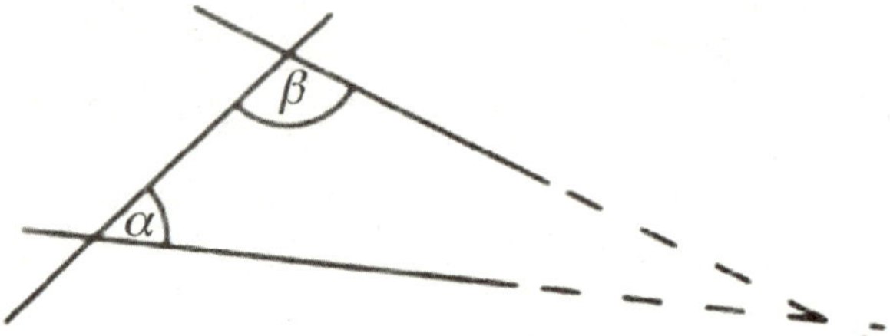

$\alpha+\beta<180^0$

一、欧几里得第五公设的试证

古代数学家很早就注意到了欧几里得几何有逻辑方面的缺点，他们用了上千年的努力来消除它。首先是针对公理系统，一方面增加或改换公理，另一方面试证第五公设。

第五公设的试证在几何学历史上占据极重要的地位，正是因为试证第五公设而发现了非欧几何，以致引起人类对几何学观点的根本改变。

欧几里得之后的2000年间，几乎所有的大数学家都曾试证过第五公设。因为，它看起来较其他公设性质复杂，而且在《几何原本》中应用得很迟，到第29个命题时才第一次应用，它似乎没有作为公设的必要。于是，《几何原本》一问世，人们很快就产生了这样的想法：用其他9个公理或公设去证明它！2000年间，无数数学家花费了太多的心血，但终究没有成功。在试图对第五公设的证明过程中，人们发现了许多与第五公设等价的命题，如平行公理（过直线外一点可以作出唯一一条直线与之平行）、三角形内角和定理（三角形内角和等于180°）等，证明其一便相当于证明了第五公设。到了19世纪，德国数学家高斯、俄罗斯数学家罗巴切夫斯基和德国数学家黎曼等人，从一次次的失败中顿悟出一条道路：推翻第五公设！从而导致了非欧几何的产生。

二、非欧几何的产生

任何较大的数学分支甚或较大的特殊成果，都不会只是某个人的工作成果，这种积累的发展特别适用于非欧几何。

萨凯里、兰伯特、施魏卡特和托里努斯等人是非欧几何的先驱者。至于说到非欧几何的创造者，那就要说到高斯、J. 波尔约、罗巴切夫斯基和黎曼了。还有一种说法是：高斯被誉为非欧几何的先驱，罗巴切夫斯基被冠以“几何学上的哥白尼”的称号。

被同时代人称为“数学王子”的高斯，一生中从未出版过非欧几何方面的著作。在他死后，人们从他和一些数学家的通信以及他的遗稿中，才知道他由试证第五公设而发现了新几何。高斯最初称这种新几何为反欧几何，后称为星空几何，最后称非欧几何。1824年，他在写给托里努斯的信中说：“三角形内角和小于两直角，这个假定导引到特殊的与我们的几何完全不同的几何，这几何完全是一贯的，并且我发现它本身完全令人满意。”高斯因为“害怕引起愚人的喊声”，而终生未出版非欧几何研究著作。

J. 波尔约是数学家F. 波尔约之子。他没有听从父亲阻止他试证第五公设的劝告，因而发现了新几何。当时20多岁的J. 波尔约写信给父亲：“我坚决地决定出版自己的关于平行线的著作，我已经从乌有创造了整个世界。”后来，J. 波尔约出版了一本著作，名称很长——《关于一个与欧几里得平行公设无关的空间的绝对真实性的学说》。F. 波尔约把它送给好友高斯评阅。高斯回信说：他不能称赞J. 波尔约的工作，因为“称赞他等于称赞我自己，你的儿子所采用的方法和他所达到的结果几乎全部和我自己在30年前已开始的个人沉思相符合的……我自己的著作，虽然写好的仅是一小部分，我本来不愿发表……现在有了老友的儿子能够把它写下来，免得它与我一同湮没，那是我最高兴的了。”J. 波尔约对这评语感到沉重，他不相信别人比他更早地达到了同一结果。而高斯从来没有公开表扬过J. 波尔约的工作。J. 波尔约由于没有获得任何人的理解、同情和精神上的支援，而陷入失望，并且抛弃了一切数学研究。

罗巴切夫斯基最初也企图用归谬法来证明第五公设。他企图由否定“同一直线的垂线和斜线必相交”这个命题引出矛盾，但推论一个接着一个，形成了一个新的几何系统，在逻辑上并无任何矛盾。于是，他开始相信，第五公设问题不能只用逻辑的方法来彻底解决，而必须依靠实验。他写道：“从欧几里得时起2000年来枉费心机的努力，不得不使我怀疑在这概念本身中并不曾含有那种真理，就是我们想要证明的，并且像其他物理定律那样只能用实验（譬如说天文观察）来证实的真理，我终于深信我的揣度是正确的，而且认为困难的问题已经完全解决。我乃于1826年就此问题写成了论文。”

1826年，罗巴切夫斯基在喀山大学数学物理系学术会议上，宣读了关于这种新几何学的报告《关于几何原理的扼要叙述及平行线定理的一个严格证明》。

这一天被认作非欧几何的诞生日。其后，他陆续出版了许多叙述这种新几何的著作。直到逝世前一年，他几乎失明了，还通过口授写了俄文和法文的著作——《泛几何学》。

罗巴切夫斯基的假设和推论从直觉上来看是不合理的，因此引起了同时代人对他的不信任，甚至讽刺、嘲笑。罗巴切夫斯基不顾别人的嘲讽，而勇敢地为新几何——罗巴切夫斯基几何而奋斗。但是，在他生前，罗巴切夫斯基几何未得到世人的承认。直到19世纪60年代高斯通信录出版，其中对罗巴切夫斯基的著作给予高度评价，才引起了人们的注意。1868年，意大利数学家贝特拉米发表了论文《非欧几何解释的尝试》，证明了罗氏平面几何可实现于欧氏空间的曲面（如拟球曲面）上。后来，德国数学家克莱因解决了罗巴切夫斯基几何全平面或全空间的实现问题，罗巴切夫斯基几何才最后获得了应得的承认。同时，这也确定了：第五公设是不可能被证明的。

1854年，高斯的学生，德国另一位数学家黎曼在德国哥廷根大学发表了题为《论作为几何基础的假设》的报告，提出了一种与前两种几何完全不同的新几何，叫作黎曼几何。这种几何是用命题“过直线外一点所作任何直线都与该直线相交”代替第五公设作为前提，保留了欧氏几何学的其他公理与公设，经过严密逻辑推理而建立起来的一种几何体系。其公理体系引进了一种弯曲的几何空间（黎曼流形），并建立起曲线坐标系中的微分方法。

三、三种几何的适用范围与模型

欧氏几何、罗巴切夫斯基几何、黎曼几何，这三种几何都拥有除平行公理以外的欧氏几何学的所有公理体系，如果不涉及与平行公理有关的内容，三种几何几乎没有什么区别。但是只要与平行公理有关，三种几何的结果就会相差甚远。

三种几何有着相互矛盾的结论，但真理只有一个，那么为什么会出现三种矛盾的真理呢？原因就在于，客观事物是复杂多样的，在不同的客观条件下会有不同的客观规律。

例如，在日常小范围内，如房屋建设、城市规划等，欧氏几何是适用的。但是，如果要进行远距离的旅行，两地在地球上的最短路线已经不再是直线，而是一条圆弧，在地球上的球面三角学中所使用的就是黎曼几何了，其三角形内角和大于180°。如果把目光放得再远些，假设在太空中漫游时，罗巴切夫斯基几何就大显身手了。在科学研究中，几种几何有着其不可替代的地位，其中欧氏几何的重要性自不待言。20世纪初，爱因斯坦在研究广义相对论时，意识到必须用一种非欧几何来描述这样的物理空间，这种非欧几何就是黎曼几何的一种。1947年，人们从对视空间研究中得出结论，这样的空间最好用罗巴切夫斯基几何来描述。

三种几何各有其适用范围，也各有其模型。欧几里得几何的模型最容易理解，我们生活的平面和三维现实空间就是很合适的模型。黎曼几何的模型可以用球面来实现。对于罗巴切夫斯基几何，不少数学家给出过多种不同的模型。

四、非欧几何与现代数学

在19世纪，数学有许多积极的发展。在几何方面，几何基础、微分几何和射影几何三个分支的发展道路起初相隔很远，到19世纪末却非常接近了，某些部分甚至有了重合，这使得一些古老的几何问题放出光芒，还揭示了许多新问题。

罗巴切夫斯基几何的创立，不仅解决了第五公设的独立性问题，更重要的是扩展了人们对几何本身的意义的认识。自从第一种非欧几何——罗巴切夫斯基几何的思想获得承认后，几何学便开始了繁荣发展的新时期，几何对象的推广即抽象空间概念的形成在数学发展的近代阶段中发挥了巨大的作用。

1872年，克莱因在他的讲演《最新几何研究的比较评论》中，给出了欧氏几何、罗巴切夫斯基几何和黎曼几何在射影几何基础上的新解释。到19世纪末，黎曼几何已有很大的发展及应用，其他非欧几何也相继出现了。特别是在20世纪初期，非欧几何的研究对于那时物理学观念的改革起到了重大作用。

1915年，爱因斯坦开始建立广义相对论假设，因为有了黎曼几何这件工具，才克服了建立广义相对论时所遇到的数学上的困难。

有学者的研究表明：罗巴切夫斯基几何的概念在天体物理、原子物理中都有应用，非欧几何可以直接应用到物理学上去这个事实，促成了几何学理论的进一步发展。

非欧几何在分析和代数方面的应用也胜过了欧氏几何，法国数学家庞加莱用罗巴切夫斯基几何研究了一种解析函数——自守函数，使它的基本区域变得简单而易于观察。

对各种非欧几何的探讨，扩大了几何学在一般数学上的应用，又反过来对几何学的发展起到了促进作用。

此外，罗巴切夫斯基几何产生的最重要的结果之一，是促进了对几何学基础的研究，后来又引起了对别的数学分支的基础的研究。公理化方法已经成为现代数学的主要方法之一，它最开始就是由几何学基础的研究而发展起来的。

数学发展的现代阶段的开端，特别是现代几何学的开端，通常以罗巴切夫斯基几何的发现作为其标志之一。

第七节　斐波那契数列

数学是上帝描述自然的符号。

——黑格尔

黑格尔，德国哲学家，是19世纪唯心主义哲学的代表人物之一。

斐波那契数列，又称黄金分割数列，因数学家列昂纳多·斐波那契以兔子繁殖为例子而引入，故又被称为“兔子数列”。在现代物理、准晶体结构、化学等领域，斐波那契数列都有直接应用。美国数学学会从1963年起出版了一份数学杂志——《斐波那契数列季刊》，用于专门刊载这方面的研究成果。

斐波那契数列的定义者，是意大利数学家列昂纳多·斐波那契，被人称作“比萨的列昂纳多”。1202年，他撰写了《算盘全书》一书。他是第一个研究印度和阿拉伯数学理论的欧洲人。因为父亲被比萨的一家商业团体聘任为外交领事，派驻地点相当于今日的阿尔及利亚地区，斐波那契得以在一位阿拉伯老师的指导下研究数学。此外，他还曾在埃及、叙利亚、希腊、西西里和普罗旺斯等地研究数学。

斐波那契数列指的是这样一个数列：

1，1，2，3，5，8，13，21，34，55，89，144，233，377，610，987，1597，2584，4181，6765，10946，17711，28657，46368…

这个数列从第三项开始，每一项都等于前两项之和。

斐波那契数列出现在斐波那契的《算盘全书》中，书中有许多有趣的数学题，其中最有趣的是下面这道题：如果一对兔子每月能生一对小兔子，而每对小兔子在它出生后的第三个月里，又能开始生一对小兔子。假定在不发生死亡的情况下，由一对初生的兔子开始，一年后能繁殖成多少对兔子？斐波那契把推算得到的头几个数摆成一串：1，1，2，3，5，8…这串数里隐含着一个规律：从第三个数起，后面的每个数都是它前面那两个数的和。而根据这个规律，只要做一些简单的加法，就能推算出以后各月兔子的数目了。于是，按照这个规律推算出来的数，就构成了数学史上有名的一个数列。

一、斐波那契数列与黄金分割的关系

斐波那契数列的通项公式为：

$$a_n=\frac{1}{5}\left[(\frac{1+\sqrt{5}}{2})^n-(\frac{1-\sqrt{5}}{2})^n\right]$$

［注：此$a_1=1$，$a_2=1$，$a_n=a_{n-1}+a_{n-2}(n\geqslant 3，n\in N)$］

很有趣的是，这样一个完全是自然数的数列，通项公式居然是用无理数来表达的。而且，当n趋向于无穷大时，后一项与前一项的比值越来越接近黄金分割。

通过简单的证明，可得极限是黄金分割，所以斐波那契数列又被称为“黄金分割数列”。

二、斐波那契数列与杨辉三角

将杨辉三角左对齐，成如下图所示的排列，将同一斜行的数加起来，即得一数列：1，1，2，3，5，8…

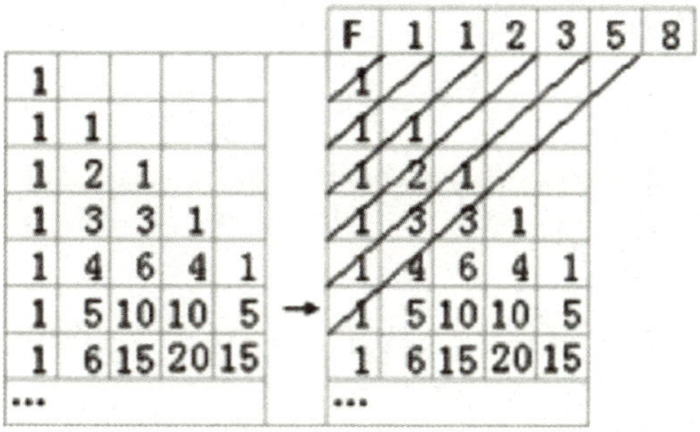

三、斐波那契螺旋线

斐波那契螺旋线，也称黄金螺旋，是根据斐波那契数列画出来的螺旋曲线。以斐波那契数为边的正方形拼成长方形，然后在正方形里面画一个90度的扇形，逐一连起来的弧线就是斐波那契螺旋线。自然界中存在许多斐波那契螺旋线的图案，是自然界中最完美的经典黄金比例。

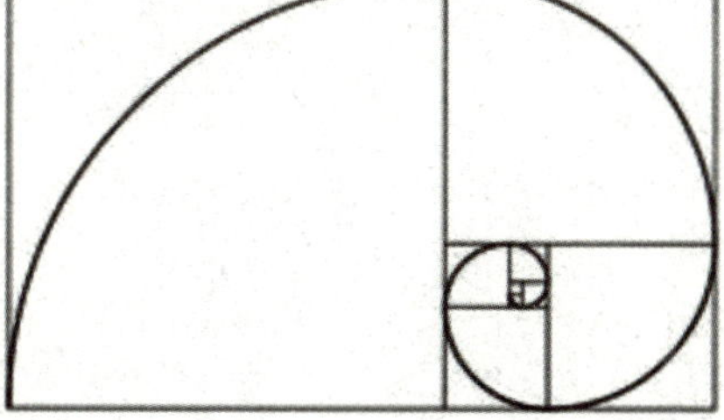

四、自然界中的“巧合”

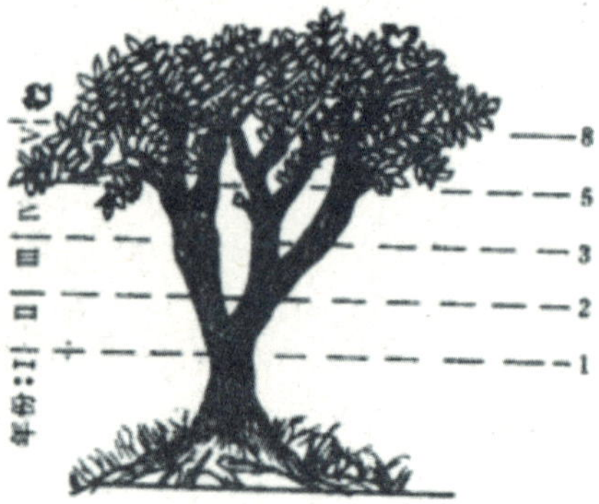

斐波那契数列在自然科学的其他分支中有许多应用。例如，在树木的生长中，由于新生的枝条往往需要一段“休息”时间，以供应自身生长，而后才能萌发新枝。所以，一棵树在一段间隔如一年以后长出一新枝；第二年，新枝“休息”，老枝依旧萌发；此后，老枝与“休息”过一年的枝同时萌发，当年生的新枝则次年“休息”。这样，一棵树木各个年份的枝杈数便构成斐波那契数列。这个规律就是生物学上著名的“鲁德维格定律”。

另外，如果你仔细观察延龄草、野玫瑰、大波斯菊、金凤花、耧斗菜、百合花、三色堇的花瓣，就可以发现它们的花瓣数目具有斐波那契数：3，5，8，13，21…其中，百合花有3个花瓣，梅花有5个花瓣，飞燕草有8个花瓣，万寿菊有13个花瓣，向日葵有21或34个花瓣，雏菊有34、55和89三个数目的花瓣。

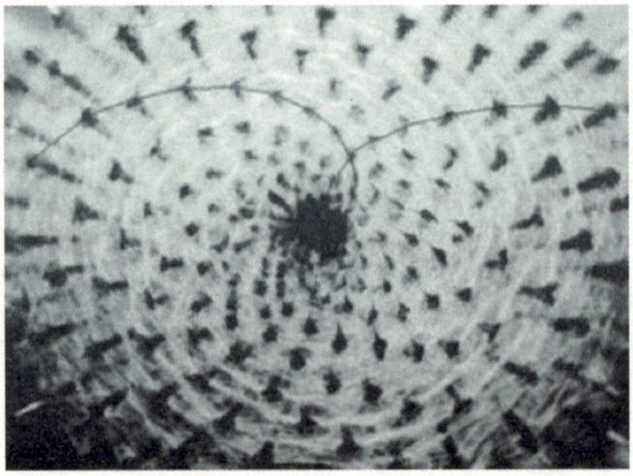

这些植物懂得斐波那契数列吗？应该并非如此，它们只是按照自然的规律才进化成这样的。这似乎是植物排列种子的“优化方式”，它能使所有种子具有差不多的大小却又疏密得当，不至于在圆心处挤了太多的种子而在圆周处却又稀稀拉拉。叶子的生长方式也是如此。对于许多植物来说，每片叶子从中轴附近生长出来，为了在生长的过程中一直都能最佳地利用空间（要考虑到叶子是一片一片逐渐生长出来的，而不是一下子同时出现的），每片叶子和前一片叶子之间的角度应该是222.5°，这个角度被称为“黄金角度”，因为它和整个圆周360°之比是黄金分割，而这种生长方式就决定了斐波那契螺旋线的产生。1992年，两位法国科学家通过对花瓣形成过程的计算机仿真实验，证实了在系统保持最低能量的状态下，花朵会以斐波那契数列长出花瓣。

五、生活中的应用

斐波那契螺旋线形的摇椅是设计师帕特里克·梅西耶为自己的妻子兼合作伙伴索菲·福尼尔设计的，当时他们刚有了第一个宝宝。当索菲宣布自己怀孕时，她说想要一把摇椅，但发现没有一把摇椅能满足美观舒适的标准，帕特里克便决定自己做一把。于是就有了这把妈妈摇椅，像一个飘在空中的丝带，由一块纤维玻璃做成，曲线服从斐波那契数列分布。

六、影视作品中的斐波那契数列

斐波那契数列在欧美地区可谓尽人皆知，于是在电影这种通俗艺术中也时常出现。例如，在风靡一时的《达·芬奇密码》里，它就作为一个重要的符号和情节线索出现；在《马格瑞姆的玩具店》里，它又是店主招聘会计时随口问的问题。可见，此数列就像黄金分割一样有名。

第八节　神奇的莫比乌斯带

数学发明创造的动力不是推理，而是想象力的发挥。

——德·摩根

德·摩根，英国数学家、逻辑学家，英国皇家学会会员。

德国数学家莫比乌斯发现，将一个纸条的一端反转180°与另一端对接在一起，就形成了一个奇妙的环。后来，人们为了纪念莫比乌斯的这一发现，将这样对接形成的环称为莫比乌斯带，也叫莫比乌斯环。

一、莫比乌斯的发现

有人曾提出，先用一张长方形的纸条，首尾相粘做成一个纸圈，然后只允许用一种颜色在纸圈上的一面涂抹，最后把整个纸圈全部抹成一种颜色，不留下任何空白。这个纸圈应该怎样粘？首尾相粘做成的纸圈有两个面，势必要涂完一个面再重新涂另一个面，而这不符合涂抹的要求。能不能做成只有一个面、一条封闭曲线为边界的纸圈呢?

就是这样一个看来十分简单的问题，数百年间，曾有许多科学家进行了认真研究，但都没有成功。后来，德国的数学家莫比乌斯对此产生了浓厚兴趣，进行了长时间的思索和实验，但毫无结果。

有一天，他被这个问题弄得头昏脑涨，便到野外去散步。新鲜的空气，清凉的风，使他顿时感到轻松舒适，但他的头脑里仍然只有那个尚未找到的圈。

一片片肥大的玉米叶子，在他的眼里变成了“绿色的纸条”，他不由自主地蹲下去，摆弄着，观察着。叶子弯曲着耷拉下来，有许多扭成半圆形，他随便撕下一片，顺着叶子自然扭的方向对接成一个圆圈，然后惊喜地发现，这“绿色的圆圈”就是他梦寐以求的那种圈。

莫比乌斯回到办公室，裁出纸条，把纸的一端扭转180°，再将一端的正面和背面粘在一起，这样就做成了只有一个面的纸圈。

纸圈做成后，莫比乌斯捉了一只小甲虫，放在上面让它爬。结果，小甲虫不翻越任何边界就爬遍了圆圈的所有部分。莫比乌斯激动地说：“公正的小甲虫，你无可辩驳地证明了这个圈只有一个面。”莫比乌斯带就这样被发现了。

二、莫比乌斯带的神奇

莫比乌斯带的奇妙之处有三。

其一，莫比乌斯带只存在一个面。

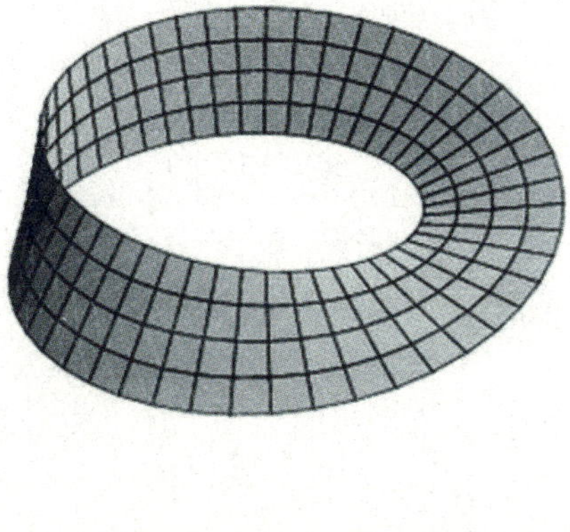

其二，如果沿着莫比乌斯带的中间剪开，将会形成一个比原来的莫比乌斯带空间大一倍的、具有正反两个面的环（后记为环0），而不是形成两个莫比乌斯带或两个其他形式的环。

其三，如果再沿着环0的中间剪开，将会形成两个与环0空间一样的、具有正反两个面的环，且这两个环是相互套在一起的（后记为环1和环2）。从此以后，再沿着环1和环2以及因沿着环1和环2中间剪开所生成的所有环的中间剪开，都将会形成两个与环0空间一样的、具有正反两个面的环，永无止境……而且，所生成的所有的环都将套在一起，永远无法分开，永远也不可能与其他的环不发生联系而独立存在。

三、克莱因瓶

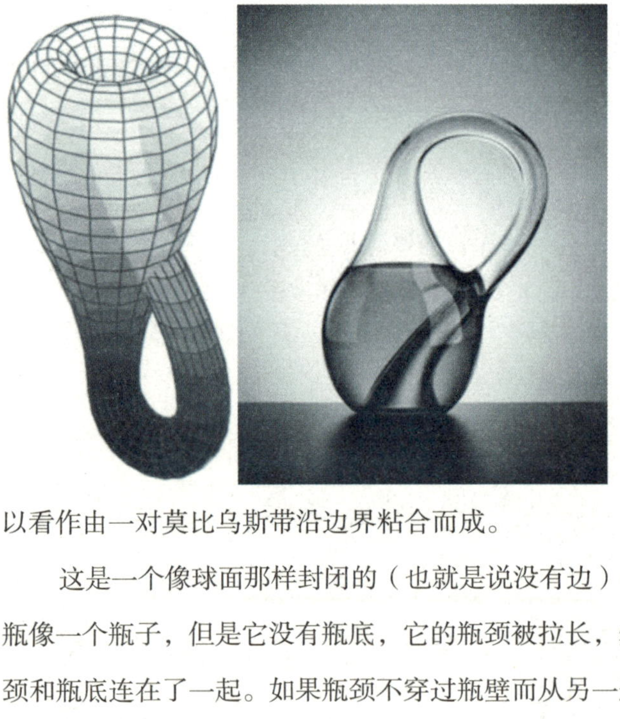

莫比乌斯带很神奇，但是，莫比乌斯带具有一条非常明显的边界。这似乎是一种美中不足。1882年，德国数学家克莱因终于找到了一种自我封闭而没有明显边界的模型，就是以他的名字命名的著名“瓶子”——克莱因瓶。这种怪瓶实际上可以看作由一对莫比乌斯带沿边界粘合而成。

这是一个像球面那样封闭的（也就是说没有边）曲面，但是只有一个面。克莱因瓶像一个瓶子，但是它没有瓶底，它的瓶颈被拉长，然后似乎是穿过了瓶壁，最后瓶颈和瓶底连在了一起。如果瓶颈不穿过瓶壁而从另一边和瓶底相连的话，我们就会得到一个轮胎面。

我们可以说，一个球有两个面——外面和内面，如果一只蚂蚁在一个球的外表面上爬行，那么如果它不在球面上咬一个洞，就无法爬到内表面上去。轮胎面也是一样，有内外表面之分。但是克莱因瓶不同，一只爬在“瓶外”的蚂蚁，可以轻松地通过瓶颈而爬到“瓶内”去。事实上，克莱因瓶并无内外之分！

如果把一个克莱因瓶适当地剪开，那么我们就能得到两条莫比乌斯带。

四、莫比乌斯带的应用

数学中有一个重要的分支叫拓扑学，主要是研究几何图形连续改变形状时的一些特征和规律，莫比乌斯带就是拓扑学中最有趣的单侧面图形之一。莫比乌斯带的概念被广泛地应用到了建筑、艺术和工业生产中。运用莫比乌斯带原理，我们可以建造立交桥和道路，避免车辆和行人的拥堵。

在中国科技馆的展厅里，有一个名叫三叶扭结的展品。它实际上就是由莫比乌斯带演变而成的，喻示着科学没有国界，各种科学之间没有边界，科学是相互连通的，科学和艺术也是相互连通的！

在世界特殊奥林匹克运动史上，莫比乌斯带有着特殊的意义，彰显出特奥会所崇尚的“转换一种生命方式，您将获得无限发展”的理念。2007年世界夏季特殊奥林匹克运动会会标“眼神”，就是一个象征着无限发展的莫比乌斯带。

莫比乌斯带也经常出现在科幻小说里面，如一些科幻小说中常常想象我们的宇宙就是一个莫比乌斯带；短篇小说《一个叫莫比乌斯的地铁站》中，波士顿地铁站

的整个运行线路按照莫比乌斯带的方式扭曲，走入这个线路的火车都将消失不见。

莫比乌斯带也被用于工业制造。一种从莫比乌斯带得到灵感的针式打印机色带能使用更长的时间，因为可以更好地利用整个带子。1979年，美国著名轮胎公司百路驰创造性地把传送带制成莫比乌斯带的形状，这样一来，整条传送带环面各处便能均匀地承受磨损，避免了普通传送带单面受损的情况，使得其使用寿命延长了整整一倍。

第九节　哥尼斯堡七桥问题

数学是研究抽象结构的理论。

——布尔巴基学派

布尔巴基学派是一个对现代数学有着极大影响的数学家集体，其中大部分是法国数学家。

在18世纪，哥尼斯堡是一座景色迷人的城市，普雷格尔河横贯城区，使这座城市显得更加风光旖旎。这条河有两条支流，在城中心汇成大河，在河的中央有两座美丽的小岛。河上有七座各具特色的桥把岛和河岸连接起来。

每到傍晚，会有许多人来此散步。人们漫步于这七座桥之间，久而久之，就形成了这样一个问题：能不能既不重复又不遗漏地一次相继走遍这七座桥？这就是闻名遐迩的哥尼斯堡七桥问题。

每一个到此游玩或散心的人都想试一试，可是，对于这一看似简单的问题，没有一个人能符合要求地从七座桥上走一遍。

七桥问题也困扰着哥尼斯堡大学的学生们，在屡遭失败之后，他们给当时著名的数学家欧拉写了一封信，请他帮助解决这个问题。

欧拉看完信后，对这个问题也产生了浓厚的兴趣。他想，既然岛和岛是桥梁的连接地点，两岸陆地也是桥梁的连接地点，那就不妨把这四处地方缩小成四个点，并且把这七座桥表示成七条线。这样，原来的七桥问题就抽象概括成了如下的关系图，这显然并没有改变问题的本质特征。于是，七桥问题也就变成了一个一笔画的问题，即能否笔不离纸、不重复地一笔画完整个图形。

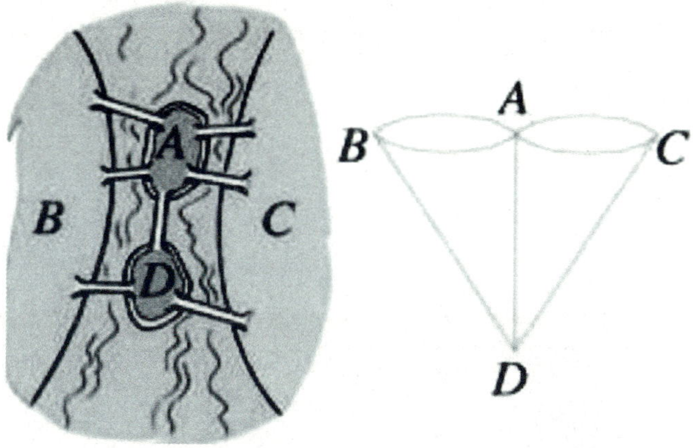

接着，欧拉就对一笔画问题进行了数学分析，一笔画有起点和终点，起点和终点重合的图形称为封闭图形，否则便称为开放图形。除起点和终点外，一笔画中间可能出现一些曲线的交点。欧拉注意到，只有当笔沿着一条弧线到达交点后，又能沿着另一条弧线离开，也就是交汇于这些点的弧线成双成对时，一笔画才能完成，这样的交点就称为偶点。如果交汇于这些点的弧线不是成双成对的，也就是有奇数条，则一笔画就不能实现，这样的点又叫作奇点。欧拉通过分析，得出了结论：若是一个一笔画图形，要么只有两个奇点，也就是仅有起点和终点，这样一笔画成的图形是开放的；要么没有奇点，也就是终点和起点连接起来，这样一笔画成的图形是封闭的。由于七桥问题有四个奇点，所以要找到一条经过七座桥、但每座桥只走一次的路线是不可能的。

哥尼斯堡七桥问题就这样被欧拉解决了。

在这里，我们可以看到，欧拉解决这个问题的关键就是把七桥问题变成了一个一笔画问题。那么，欧拉又是怎样完成这一转变的呢？他把岛和陆地的具体属性舍去，而仅仅留下与问题有关的东西，这就是四个几何上的“点”，再把桥的具体属性排除，仅留下一条几何上的“线”，然后把“点” 与“线”结合起来，这样就实现了从客观事物到图形的转变。我们把得到“点”和“线 ”的思维方法叫作抽象，把由"点"和"线"结合成图形的思维方法叫作概括。抽象，就是从客观事物中排除非本质属性，透过现象抽出本质属性的思维方法。概括，就是将个别事物的本质属性结合起来的思维方法。

第十节 对联嵌数字，奇思彰数美

我们欣赏数学，我们需要数学。

——陈省身

陈省身，国际数学大师。

对联，是中国传统文化的瑰宝，又称对偶、门对、春贴、春联、对子、桃符、楹联（因古时多悬挂于楹柱而得名）等，起源于桃符，是写在纸、布上或刻在竹子、木头、石头上的对偶语句，言简意深，对仗工整，平仄协调，字数相同，结构相同，是中文语言的独特的艺术形式。而数字，经文人之手巧妙地嵌入对联之中，彰显了作者的奇思妙想和隽永文才，更显得别有一番情趣，突显了数字之美。

上联：二二三三四四五

下联：六六七七八八九

横批：南北

这副对联全由数字组成，而且是一副隐字联。相传，郑板桥在山东做县令时，看到一户农家门上张贴着这样一副对联。郑板桥看后，叹了一口气，马上叫人取来米面和衣物。你明白是什么意思吗？原来是家中缺一（缺衣）少十（少食），只有南北，没有东西！

有人也仿照此对联，给出了如下一副对联。

上联：一一二三四五

下联：六七八九十十

你明白是什么意思了吧？这副对联多了一个一，又多了一个十，是多一（多衣）多十（多食）的意思。

上联：花甲重开，外加三七岁月

下联：古稀双庆，内多一个春秋

传说这副对联是由清代乾隆皇帝出的上联，暗指一位老人的年龄。下联由当朝大学士纪晓岚对出，联中也隐含这个数。

上联的算式：$60\times2+3\times7=141$.

下联的算式：$70\times2+1=141$.

上联：三强韩赵魏

下联：九章勾股弦

上联为数学家华罗庚于1953年随中国科学院出国考察途中所作。团长为钱三强，团员有大气物理学家赵九章等十余人。

上联的“三强”，一指钱三强，二指战国时韩赵魏三大强国。下联的“九章”，既指赵九章，又指我国古代数学名著《九章算术》，该书首次记载了我国数学家发现的勾股定理。全联数字相对，平仄相应，古今相连，总分结合。

上联：一叶孤舟，坐了二三个骚客，启用四桨五帆，经过六滩七湾，历尽八颠九簸，可叹十分来迟

下联：十年寒窗，进了九八家书院，抛却七情六欲，苦读五经四书，考了三番二次，今天一定要中

这是一则有趣的以数字联取胜的故事。相传，有个穷秀才颇有才学，但屡试不中。在一次赴京应试时，因路途遥远，秀才虽然日夜兼程赶路，可当他到达京城

时，考试已经结束。秀才好说歹说，终于感动了主考大人，准他补考。主考官出的题目，是要求他用一至十这十个数字作出一联。秀才就把自己一路颠簸和误考的原因说出，以求得主考大人的谅解，这便是上联。主考官暗暗称奇，又要求秀才从十至一对出下联。秀才就把这些年自己读书、应考的苦衷表了表，这便是下联。主考官听罢，连连称妙，又出联求对，秀才皆能对答如流。相传，这一年解元的桂冠就这样被这位秀才夺走了。

上联：一孤舟，二客商，三四五六水手，扯起七八叶风篷，下九江，还有十里

下联：十里远，九里香，八七六五号轮，虽走四三年旧道，只二日，胜似一年

相传明朝嘉靖年间，江西省吉水县的状元罗洪光与几位饱学之士同游九江。船顺流而下，江风助行，眼看九江就要到了。这时，邻船的一名船夫慕名来到罗洪光的船上，说有一个上联请续对。待船夫写出上述的上联，罗洪光却傻了眼，迟迟无法下笔。同船的文人墨客，你看我，我看你，也都不知所措。上联不仅说出了实事，而且把从一到十的这十个数字按顺序嵌进去，成了“绝对”。直到1959年夏，经过一个偶然事件的启发，一个叫李戎翎的人对出了下联。原来，这一年，佛山寺一位老装修工托人到十里外找一段叫九里香的名贵木材，只两天便运到了。据说，1943年也有人找这种木材，整整花了一年功夫才弄到手。这一对比，使李戎翎想到了那个“绝对”，于是他续出了下联。

上联：一支粉笔，两袖清风，三尺讲台，四季晴雨，加上五脏六腑，七嘴八舌九思，十霜教书有方，滴滴汗水，诚滋桃李满天下

下联：十卷诗赋，九章勾股，八索文史，七纬地理，连同六艺五经，四书三字两雅，一生诲人不倦，点点心血，勤育英才泽神州

此联巧妙嵌十数，一顺一倒，相映成趣，构思精巧，修辞奇妙，把老师的敬业、乐业精神表现得淋漓尽致，表达了作者对教师的赞赏和敬慕之情。

此外，现再举几例。

上联：一粥一饭，当思来之不易

下联：半丝半缕，恒念物力维艰

这是清代学者朱柏庐在其所著《朱子家训》中的一副对联。

上联：四面荷花三面柳

下联：一城山色半城湖

这是山东省济南市大明湖铁公祠（祀明人铁铉）的一副楹联。

上联：一蓑一笠一髯翁，一丈长竿一寸钩

下联：一山一水一明月，一人独钓一海秋

这是山东省青岛市崂山钓鱼台的一副数字联。

上联：两表酬三顾

下联：一对足千秋

这是明代文人游俊题在湖北省隆中三顾堂正门的楹联。

上联：一门父子三词客

下联：千古文章四大家

这是清代张鹏翮撰写的四川省眉山县三苏祠的门联。

上联：乾八卦，坤八卦，八八六十四卦，卦卦乾坤已定

下联：鸾九声，凤九声，九九八十一声，声声鸾凤和鸣

相传为纪晓岚所作，构思奇特，对仗贴切，应用乘法合理、自然，而且符合事理。

上联：桥跨虎溪，三教三源流，三人三笑语

下联：莲开僧舍，一花一世界，一叶一如来

这是清代唐英题庐山东林寺虎溪三笑亭联。

上联：一岁二春双八月，人间两度春秋

下联：六旬花甲再周天，世上重逢甲子

相传上联为王安石所出，是王安石难为苏东坡的三个对联中的一对。苏大学士没有对出，由后人相继对出。

第十一节　别具一格的诗歌数学题

一个没有几分诗人才能的数学家绝不会成为一个完全的数学家。

——魏尔斯特拉斯

魏尔斯特拉斯，德国数学家，被誉为"现代分析之父"。

在浩如烟海的数学题目中，有一类语言优美、形式新颖的题型，这就是把数学问题用诗歌的形式呈现。在这方面，我国古代数学家有许多尝试，让人们在解答数学问题的同时，也感受到了诗歌的魅力。

元代著名数学家、教育家朱世杰在《四元玉鉴》中，提出了12个诗歌形式的数学问题。

例如，"今有方池一所，每面丈四方停。葭生两岸长其形，出水三十寸整。东岸蒲生一种，水上一尺无零。葭蒲稍接水齐平，借问三般怎定？"（注：三般是指水深、蒲长、葭长）

又如，"我有一壶酒，携着游春走。遇店添一倍，逢友饮一斗。店友经三处，没了壶中酒。借问此壶中，当原多少酒。"

在元代有一部算经《详明算法》，内有关于丈量田亩的求法："古者量田较润长，全凭绳尺以牵量。一形虽有一般法，惟有方田法易详。若见涡斜并凹曲，直须裨补取为方。却将黍实为田积，二四除之亩法强。"

明代程大位的《直指算法统宗》是一本通俗实用的数学书，也是数字入诗的代表作。全书17卷，对民间数学知识普及极具贡献。这本书由程大位花了近20年时间完成，他原本是一位商人，借经商之便搜集各地算书和文字方面的书籍，编纂成一首首歌谣口诀，将枯燥的数学问题转化成美妙的诗歌。其中有一首类似于二元一次方程组的饮酒数学诗："肆中听得语吟吟，薄酒名醨厚酒醇。好酒一瓶醉三客，薄酒三瓶醉一人。共同饮了一十九，三十三客醉醺醺。试问高明能算士，几多醨酒几多醇？"这道题的大意是说：好酒一瓶，可以醉倒三位客人；薄酒三瓶，可以醉倒一位客人。如果33位客人醉倒了，他们总共饮下19瓶酒。试问其中两种酒分别有多少瓶？

著名的《孙子算经》中有一道"物不知其数"的问题。这道算题的原文为："今有物不知其数，三三数之剩二，五五数之剩三，七七数之剩二，问物几何？答曰二十三。"这个问题流传到后世，有过不少有趣的名称，如"鬼谷算""韩信点兵"等。程大位在《直指算法统宗》中用诗歌形式写出了数学解法："三人同行七十稀，五树梅花廿一枝，七子团圆月正半，除百零五便得知。"这首诗包含着著名的"剩余定理"。也就是说，拿3除的余数乘70，加上5除的余数乘21，再加上7除的余数乘15，结果如比105多，则减105的倍数。上述问题的结果就是：$(2\times70)+(3\times21)+(2\times15)-(2\times105)=23$。

在印度学者婆什迦罗的著作中，也有这样一首数学诗："素馨花开香扑鼻，诱得蜜蜂来采蜜。熙熙攘攘不知数，一群飞入花丛里。试问此群数有几？全体之半平方根，另有两只在一起。总数的九分之八，徘徊在外做游戏。"列出无理方程运算后，则可得出此群蜜蜂为72只。

另外，有一首写荷花的数学诗："平平湖水清可鉴，面上半尺生红莲；出泥不染亭亭立，忽被强风吹一边。渔人观看忙向前，花离原位二尺远；能算诸君请解题，湖水如何知深浅？"这是一首多么富有诗情画意的代数题！你看，长在湖里的红莲，露出湖面的长度是半尺，被风吹向一边，红莲顶上的花离原水面的距离为2尺，问湖水有多深？根据勾股定理列式算得，湖深为3.75尺。

明代画家唐伯虎也是一位诗人。他曾写过一首别有风味的《七十词》："人生七十古稀，我年七十为奇。前十年幼小，后十年衰老；中间只有五十年，一半又在夜里过了。算来只有二十五年在世，受尽多少奔波烦恼。"作者给人的一生算了一笔明细账：一个人即使能活到古稀年龄，减头去尾，除去夜里睡眠的时间，剩下只有25个年头。这期间还有数不清的奔波劳累、病痛烦恼等。此诗通过数学运算，让人深悟人生有限、时间宝贵的真谛。

类似这样有趣的诗歌数学题还有很多。诸如古算书中的一题："笨伯持竿欲进屋，叵耐门框栏住竹，横多四尺竖多二，急得笨伯放声哭。在旁有一聪明者，教他斜竿对两角。勉强方可进得去，算出竿长我佩服。"通过勾股定理，很容易得到答案。你有没有兴趣去解一解呢？

第十二节　数字入诗别样美

迟序之数，非出神怪，有形可检，有数可推。

——祖冲之

祖冲之，字文远，我国南北朝时期杰出的数学家和科学家。

通常，我们觉得数字是非常枯燥的，但如果把它用入文学作品——诗词曲赋中，却往往含情带意、深化意境，由此也涌现了许多传诵千古的数字诗。

数字入诗的历史，真可谓源远流长。我国古代第一部诗歌总集《诗经》中就有不少诗句使用了数字。据统计，单是《国风》中使用数字的诗就多达46首。《唐诗三百首》一书所收录的诗作中，含有数字的诗作更是多达130余首，几乎占了总数的一半。由此可见，数字十分受古人的青睐。

一、“十字令”诗

这是数字诗中最为常见的一种，就是将“一”到“十”十个数字嵌入诗中。

最为著名的是那首几乎妇孺皆知的五言诗：

一去二三里，烟村四五家，楼台六七座，八九十枝花。

这首诗生动地描绘出一幅恬静自然的田园生活图景。

吴承恩在《西游记》中有一段“红轮西坠”后天色已晚的景色描写：

十里长亭无客走，九重天上现星辰。八河船只皆收港，七千州县尽关门。

六宫五府回官宰，四海三江罢钓纶。两座楼头钟鼓响，一轮明月满乾坤。

《归田琐记》中有一首诗：

一命之荣称得，二片竹板拖得，三十俸银领得，四乡地保传得，五十嘴巴打得，六角文书发得，七品堂官考得，八字衙门开得，九品补服借得，十分高兴不得。

刻画的是过去的官吏在当官时作威作福，搜刮民脂民膏，而后“荣归故里”“赋闲在家”的丑恶嘴脸，淋漓尽致，值得玩味。

一到十，在上面几首诗歌中运用自如，令人拍手叫绝。

二、“一”字诗

唐代王建有这么一首《古谣》：

一东一西垄头水，一聚一散天边路，一去一来道上客，一颠一倒池中树。

这里短短的28个字中有着矛盾的8个“一”，但都统一在一幅风景画里，可见“一”字有多么强的表现力。

元代无名氏有一首散曲：

一年老一年，一日没一日，一秋又一秋，一辈催一辈。一聚一离别，一喜一伤悲。一榻一身卧，一生一梦里。寻一伙相识，他一会咱一会，都一般相知，吹一会唱一会。

全曲嵌“一”字竟多达22个。作者在年华易逝、光阴催老、人生如梦的叹息中，寻求着自己的人生位置，情绪看似旷达，实则透露着辛酸，具有强烈的感染力。

清人王士祯写过一首《题秋江独钓图》，也是有名的数字诗：

一蓑一笠一扁舟，一丈丝纶一寸钩，一曲高歌一樽酒，一人独钓一江秋。

清人陈沆（也有人认为是北宋苏轼）有一首与此相似的诗：

一帆一浆一渔舟，一个渔翁一钓钩，一俯一仰一顿笑，一江明月一江秋。

这首诗中出现了十个“一”，比上一首还多一个。两首诗都描绘了一个渔翁怡然自乐的生活情景。

另外，清代女诗人何佩玉也写过一首类似的诗：

一花一枝一矶石，一抹斜阳一鸟飞，一山一水一寺中，一林黄叶一僧归。

连用十个“一”字，意境悠远，妙趣横生。

三、数字回环诗

这类数字诗中，最为著名的还是卓文君的那首诗。传说，司马相如与卓文君几经周折，终成眷属。不久，汉武帝下诏来召，司马相如与卓文君依依暂别，回到京城为官。岁月如流，不觉过了五年。卓文君朝思暮想，盼望丈夫的家书。万万没料到，盼来的却是写着“一、二、三、四、五、六、七、八、九、十、百、千、万”十三个数字的家书。文君反复看信，明白了丈夫的意思：数字中无“亿”，表明已对她无“意”。卓文君既悲痛又愤恨，当即复信叫来人带回。信的内容是这样写的：

一别之后，二地相悬，只道是三四月，又谁知五六年，七弦琴无心弹，八行书无可传，九曲连环从中折断，十里长亭望眼欲穿，百思想千系念，万般无奈把君怨。

万语千言说不尽，百无聊赖十倚栏，重九登高看孤雁，八月中秋月圆人不圆，七月半秉烛烧香问苍天，六月伏天人人摇扇我心寒，五月榴花似火红，偏遇阵阵冷雨浇花端，四月枇杷未黄，我欲对镜心意乱，急匆匆，三月桃花随流转，飘零零，二月风筝线儿断，噫！郎呀郎，巴不得下一世你为女来我做男。

司马相如对这首用数字连成的诗一连看了好几遍，越看越感到惭愧，觉得对不起对自己一片痴情的妻子，终于驾驷马高车，亲自回乡，把文君接往京城。

还有一首现代人的数字诗《劝世杂言》，写得甚好：

一日二三餐，间隔四五时。六七八分饱，活到九十百。千万勤劳动，坐吃亿万空。千百纨袴子，十有九八穷。七六古为稀，五四今当年。三心二用者，一事皆难成。

短短十二句，就从一写到亿，又从亿转回到一，妙极了。

四、杂数诗

杂数诗就是数字的运用没有定数和规律，只根据诗歌的需要来写，古代的数字诗大多属于这一种。

一片两片三四片，五片六片七八片，九片十片十一片，飞入梅花都不见。

这首诗被认为出自徐渭的《雪景》。一个冬日，他踏雪孤山，见放鹤亭内有一群秀才正饮酒赏梅，便进前求饮。秀才们不认识徐渭，道是诗人聚会，不会写诗者不能在此喝酒。徐渭便“一片一片又一片”地吟起咏雪诗来，前三句尚未念完，众秀才已是笑骂成“一片”了，说道：“你这俗子是否只认识得数字和‘片’字？”而第四句“飞入梅花都不见”一出，秀才们顿时大惊失色。白雪飞入号称“香雪海”的孤山梅林之中，当然是看不见了，这种深邃苍茫的意境、奇特精妙的构思，当真能化腐朽为神奇。

五、数字隐秘诗

这种诗就是将数字用谜语的形式表现出来，十分有情趣。

宋代才女朱淑真临终前写的《断肠谜》，算是这一类的数字诗：

下楼来，金簪卜落；问苍天，人在何方？恨王孙，一直去了；詈冤家，言去难留。悔当初，吾错失口；有上交，无下交；皂白何须问，分开不用刀。从今莫把仇人靠，千里相思一撇消。

整首诗暗含"一"至"十"十个数字，句句充满对负心人的谴责，倾诉自己无限的哀怨！那么，诗中隐藏的数字，你能找出来吗？

后人填了一首《玉房怨》，与上面的《断肠谜》大同小异：

元宵夜，兀坐灯窗下。问苍天，人在谁家？恨玉郎，全无一点直心话。叫奴欲罢不能罢，吾今舍口不言他。论交情，曾也不差。染尘皂，难说清白话。恨不得一刀分两家。可怜奴，手中无力难抛下。我今设一计，教他无言可答。

第四章 奇巧精妙
——数学悖论

荒诞中蕴涵哲理，奇妙中充满魅力。

如果把数学比作一座大厦，那么悖论就像一位质检员，时刻都在监督着这座大厦的地基。当大厦盖到一定高度的时候，它就会及时提醒人类这座大厦的地基有问题，这时，人类就会修补地基。修补好地基以后，在新的更大的地基上，人类又会造出更多、更美的建筑。循环往复，数学这座大厦就会越来越壮观、越来越美丽。

考察人类历史中出现的种种悖论，在某种程度上是对人类思想史和科学史的一种解读。在现有的悖论中，许多还没有得到令人满意的答案，而且可以预见，科学探索的不断前进还会带来更多、更令人困惑的悖论。但这并不可怕，每一个令人愁肠百结、夜不能寐的悖论，带来的都不是终结，而是令人眼界大开的柳暗花明。

数学是思维的体操，而思维中的悖论是一座千转百回的迷宫，是一块挑战智力的魔方，是一款启发思考的游戏，是一方孕育真理的沃野。

第一节 什么是悖论

古往今来，为数众多的悖论为逻辑思想的发展提供了食粮。

——布尔巴基学派

布尔巴基学派是一个对现代数学有着极大影响的数学家集体，其中大部分是法国数学家。

悖论，从字面上讲，就是自相矛盾、讲不通、说不明的荒谬理论。但悖论并非无稽之谈，它在荒诞中蕴含哲理，给人以启迪。沿着它所指引的推理思路，会感到走上了一条繁花似锦的羊肠小道，开始时觉得顺理成章，而后会不知不觉陷入自相矛盾的泥潭，但一旦将矛盾揭破，又令人回味无穷。

关于悖论，存在着各种各样的说法。有人认为，悖论是一种导致逻辑矛盾的命题，由它的真可以推出它为假，由它的假则可以推出它为真。也有人认为，悖论是指这样的推理过程，看上去它是没有问题的，结果却得出了逻辑矛盾。更多的人认为，一个论断，如果不论是肯定它还是否定它，都会导出一个与原始判断相反的结论，而要推翻它却又很难给出正当的根据。

关于悖论，我们可以发现，任何一个悖论在实质上都被包含在某一个理念体系中，因此在给悖论下定义时，应该有"相对于某一理论体系"这一前提。所以，有人这样来定义：如果某种理论的公理及其推理规则看上去是合理的，但在这个理论中却推出了两个互相矛盾的命题，或者证明了一个复合命题，它表现为两个矛盾命题的等价形式，则称这个理论包含了一个悖论。

这里强调悖论依赖一定的理论体系，只是说某个理论体系包含了悖论，并没有说明什么是悖论。

悖论有三种主要形式：

（1）一种论断看起来好像肯定错了，但实际上是对的（佯谬）。

（2）一种论断看起来好像肯定是对的，但实际上错了（似是而非的理论）。

（3）一系列推理看起来好像无懈可击，却导致逻辑上的自相矛盾。

有人把悖论分为两类：一类是逻辑和数学型悖论，是由逻辑和数学中的概念构成的；一类是语义学悖论，是由命名和真、假等概念构成的。数学研究更注重第一类悖论，即数学悖论。

数学常被视为严格、和谐、精确的学科，但纵观数学发展史，你会发现，数学的发展从来都不是完全直线式的，它的体系不是永远和谐的，常常出现悖论。数学悖论是指在当前的数学学科理论体系下由一些“正确”的事实或“可接受”的约定出发，经过严密正确的逻辑推理得到的矛盾的数学结论。它既具有极强的思辨品格，又具有浓厚的幽默色彩。数学悖论的出现，在数学理论的发展过程中是一件严肃的事情，因为它直接导致了人们对相应理论的怀疑、对数学可靠性的动摇，甚至导致了“数学危机”。所以，数学悖论的提出与解决对基础数学的发展起着重要的作用。

总之，悖论是一个涉及数理科学、哲学、逻辑学、语义学等广泛领域的论题，对科学发展的意义不言而喻。总的来说，悖论有如下的特点。

相对存在性。一方面，由于科学的无止境性，自相矛盾的系统将和科学理论体系永远并存，它从前有，现在有，将来仍然有，所以说，悖论是永远存在的。另一方面，悖论只产生并存在于人类思维及其产物中，客观物质世界的本质及规律并不因为人类意识中的矛盾而有丝毫改变。因此，悖论只与人类的思维方式和理论体系有着密切的联系。

悖论是一种特殊的逻辑矛盾。科学理论中的“逻辑矛盾”有层次之分。表层的是普通的逻辑矛盾，可以凭借实验、经验和思辨，在不触动科学理论“硬核”的情况下，清除矛盾，并弥合它们对科学理论整体造成的缝隙。深层的是特殊的逻辑矛盾。悖论就是这样一种特殊的逻辑矛盾。

可解决性。人类思维应该没有悖论，应该能够消除悖论。然而，由于现阶段人类思维与大自然的割裂性，人所构造的思维及其符号系统必然会有悖论，所以悖论研究应该通过深入分析找出人所构造的思维系统及其符号系统的起始基点，明确其向另一方向解释的两重性和可能性，限定其有效性范围，制定对本系统的理解和使用规则，避免因误解、误用而引起思维纷争。这样一来，原来系统的基点就不再是基点，而成了更大的系统的子系统中的内容，从而，悖论也就在更大的系统中得到了解决。

创新性。科学史实已经表明，在科学发展极为迅速的20世纪，凡是获得重大创新的领域都与悖论问题紧紧地联系在一起。例如，数学基础领域的巨大成就与1900年前后发现的布拉里·福蒂悖论、康托尔悖论、罗素悖论等一系列集合论悖论联系在一起；物理学领域的重大发展则与光速悖论密切相关；在社会经济领域，从法国社会学家孔多塞等人发现的投票悖论，到肯尼斯·阿罗因在一般均衡理论方面的突出贡献而获得诺贝尔经济学奖，也都与悖论问题有着重要关联。悖论之于科学理论创新的作用已经得到充分彰显。因此，有意识地发现悖论，进而分析并解决悖论，应当是我们从逻辑理性层面创新科学理论的一个重要维度。

第二节 悖论的起源

没有大胆的猜测，就做不出伟大的发现。

——牛顿

牛顿，英国皇家学会会长，著名的物理学家，百科全书式的“全才”。

悖论是一种认识矛盾，既包括逻辑矛盾、语义矛盾，又包括思想方法上的矛盾。数学悖论作为悖论的一种，主要发生在数学研究中，是指所有数学规范中发生的、无法解决的认识矛盾。

关于悖论的起源问题，一般认为悖论早在古希腊时代就出现了。

一、说谎悖论

约公元前6世纪，古希腊时代，克里特岛的哲学家埃庇米尼得斯发现的“说谎者悖论”可以算作最早的悖论。公元前4世纪，欧布里德将其修改为“强化了的说谎者悖论”。在此基础上，人们构造了一个与之等价的“永恒的说谎者悖论”。

所谓“说谎者悖论”，是埃庇米尼得斯曾说了这么一句耐人寻味的话：“所有克里特岛人说的话都是谎话。”过了两个世纪，到了公元前4世纪，麦加拉学派的学者改进了这句话：“我在说这句话时正在说谎。”这被称为“强化了的说谎者悖论”。

这个悖论是悖论史上最早出现的，也是最著名的一个悖论。这个悖论引起了古代学者的浓厚兴趣，他们投入了大量的时间和精力对其进行分析和研究。古希腊逻辑学鼻祖亚里士多德在《智者的论辩》《形而上学》等著作中对之进行了详细的讨论；哲学家克吕西波为了研究这个悖论，写了六部专著；斐勒塔被这个悖论迷住了心窍，苦心钻研，积劳成疾，不幸死亡。

到了中世纪，逻辑学家阿尔伯特把这个悖论提炼为："我说的是谎话。"此外，他什么也没有说。而布里丹的说法是："在一卷书上写着唯一的一句话——写在这卷书上的话是假的。"这可分别称为口语版和书面版的"永恒的说谎者悖论"。这时期还提出了这个悖论的对话版："苏格拉底说，柏拉图说谎；柏拉图说，苏格拉底说的是真话。"

二、芝诺悖论

埃利亚学派的代表人物芝诺提出的有关运动的四个悖论被认为是悖论的起源之一。

1. 运动不存在

一物体要从A点到达B点，必先抵达其1/2处之C点；同样，要到达C点，必先抵达其1/4处之D点；而要到达D点，又必先抵达其1/8处之E点。如此下去，永无止境，因此，运动不可能存在。

据说，在芝诺发表关于运动不存在这个悖论的演讲时，有一个反对者在气急之下也只能是在听众席前默默地走来走去。

问题：要到达无穷多个位置，是否就需要无限长的时间？

2. 阿里斯追不上乌龟

阿里斯与乌龟赛跑，阿里斯的速度是乌龟速度的10倍，乌龟先行100米，阿里斯开始追赶；等到阿里斯走过100米时，乌龟又走了10米；等到阿里斯再走过10米时，乌龟又走了1米；…… 阿里斯永远也追不上乌龟。

问题：无穷多个时间段，是否就是无限长的时间？

3. 飞矢不动

"飞着的箭静止着。"飞箭在任一瞬间必然静止在一个确定的位置上，所以，运动就是（无数）静止（的总和）。

问题：什么叫运动?

4. 运动相对性

在跑道上有三排物体，一排为四等份组成的物体AAAA，一排为大小、数目与A相同的物体BBBB，处于A的中间点到跑道的起点处，一排为大小、数目也与A、B相同的物体CCCC，处于A的中间点到跑道的终点处。B、C以相同的速度沿相反方向运动。当第一个B经过所有的C，第一个C也经过所有的B，但一个B（或C）却只经过A的一半。

悖论：一半时间等于整个时间。

结论：运动是相对的。

在我国古代哲学理论中也有许多悖论思想，如战国时期逻辑学家惠施的"日方中方睨，物方生方死"，《庄子·天下篇》的"一尺之棰，日取其半，万世不竭"，《韩非子》中记载的有关矛与盾的悖论思想等，这些悖论式的命题，表面上看起来很荒谬，实际上却隐藏着某些辩证的思想内容。

在近代，著名的悖论有伽利略悖论、贝克莱悖论、康德的二律背反、集合论悖论等。在现代，则有光速悖论、双生子佯谬、EPR悖论、整体性悖论等。这些悖论，从逻辑上来看都是一些思维矛盾，从认识论上来看则是客观矛盾在思维上的反映。尽管悖论的历史如此悠久，但直到20世纪初，人们才真正开始专门研究悖论的本质，特别是20世纪六七十年代以来，出现了研究悖论的热潮。

第三节 悖论与诡辩的区别

社会学家也像其他人一样，唯有从数学中才能获得真正科学证明的意识，形成合理和决定性推理的习惯……为了克服社会科学中的重大困难而接受并运用这种训练，正是社会学家必须向数学寻求的东西。

——孔德

孔德，法国著名的哲学家、社会学家，实证主义的创始人。

悖论不同于通常的诡辩或谬论，诡辩、谬论可以通过已有的理论说明其错误的原因，是与现有的理论相悖的，而悖论虽感其不妥，但从它所在的理论体系中，不能阐明其错误的原因，是与现有理论相容的，悖论是在原有理论体系下解决不了的矛盾。

什么是诡辩呢？所谓诡辩，就是有意地把真理说成错误，把错误说成真理的狡辩。用一句简单明了的话来说，就是有意地颠倒是非、混淆黑白。"诡辩"一词在我国可查的文献资料中，最早出现于汉代刘安的《淮南子·齐谷训》中："诋文者处烦扰以为智，多为佹辩，久稽而不决，无益于治。"佹辩即诡辩。稍后，《史记·屈原传》中说："设诡辩于怀王之宠姬郑袖。"《汉书·彭祖传》中说："持诡辩以中人。"从这些史料中可以看到，"诡辩"一词一开始就是指那种似是而非、颠倒黑白的议论。

在西方哲学史上，黑格尔可以说是第一个对诡辩论进行了系统批判的哲学家。他曾经指出："诡辩这个词通常意味着以任意的方式，凭借虚假的根据，或者将一个真的道理否定了，弄得动摇了，或者将一个虚假的道理弄得非常动听，好像真的一样。"黑格尔的这段话，揭露了诡辩论有意颠倒是非、混淆黑白的特点。

诡辩论本身是一种方法论。更确切地说，诡辩论是一种论证方法，它的根本特点是一种歪曲的论证。诡辩既不同于一般的武断，也不同于谣言。武断，是根本没有理由的，人们一看就看得出它是在强词夺理。谣言，纯粹是无中生有，人们一听就能听出它是居心险恶。但诡辩在论证其道理时，总是要拿出一大堆的"根据"，所以在表面上它很能迷惑人。

诡辩论者为达到目的，所采取的方法是多种多样的，主要的诡辩手法有含糊其词，模棱两可；偷换概念，偷换论题；虚假论据；循环论证；机械类比；以偏概全等。现举几个出名的诡辩例子，让大家了解诡辩的巧妙、诡辩与悖论的区别。

1. "白马非马"

中国有名的哲学命题"白马非马"，我们都不陌生！提出此命题者公孙龙，从某种意义上来说可以算是中国诡辩论的鼻祖。在那篇著名的《白马论》中，公孙龙把"马""白""白马"这些概念都理解成孤立的，即割裂了一般和个别统一的关系，把差异和统一绝对对立起来，认为一般可以脱离个别存在。这就陷入了形而上学的诡辩！

2. 讼师和徒弟的约定

一个讼师招收徒弟时约定：徒弟学成后，一年内，第一场官司如果打赢，则交给师父一两银子；如果打输，就可以不交银子。后来，弟子满师后不想交银子给师父，所以迟迟不参与打官司。老讼师得不到银子，非常生气，告到县衙里。这位弟子却不慌不忙地说："这场官司如果我打赢了，当然不给您银子；如果打输了，按照约定也不用交给您银子，反正我横竖不交银子。"

徒弟这种说法错误的原因很容易找到：当他打赢官司时，他按照官司本身的规则不给银子；当他打输官司时，他又按照入师时的约定不给银子。二者采用了不同的标准。事实上，老讼师也可以按照类似的方法，当徒弟官司打赢时，他按照收徒时的约定可以得到银子；当徒弟官司打输时，按照官司本身的规则他也应该得到银子。

3. 狗是自己的父亲

亚里士多德的《辩谬篇》中，记载了这么一则诡辩：你有一条狗，它是有儿女的，因而它是一个父亲；它是你的，因而它是你的父亲；你打它，就是打你自己的父亲。

这则诡辩使用了推论，披上了一层迷人的面纱，乍看过去似乎无懈可击，因而具有某种欺骗性。其实不然，它事实上犯了偷换概念的谬误。

4. 罗素是教皇

有一条逻辑定理说的是“随便一句假话都能推出任何一句话”，这听上去十分荒唐。结果，真的有人要求英国大哲学家罗素从“2+2=5”推出“罗素是教皇”。罗素做出了如下的证明：

假定2+2=5；

等式的两边各减去2，得出2=3；

易位得3=2；

两边各减去1，得出2=1.

教皇与罗素是两个人，但既然2=1，教皇与罗素就是1个人，所以罗素是教皇。

5. 整袋谷子

在古希腊，还有一则更妙的诡辩：

1粒谷子落地时没有响声，

2粒谷子落地时也没有响声，

3粒谷子落地时还是没有响声，

……

以此类推，1整袋谷子落地时也不会有响声。

如果没有响声，那么就是零，无数个零叠加，也不会有任何内容。这个逻辑是正确的，而结果错，那只能是前提错，也就是说，1粒谷子落在地上是有声音的，只是低于我们耳朵能分辨的分贝而已。然而，无论多么细微的东西进行叠加，都可以变得庞大，所以，1袋谷子落地能产生很大的响声。

6. 两个三段论例子

（1）人体是由细胞构成的，细胞是细小的，所以人体是细小的。

（2）希特勒是好战的，希特勒是德国人，所以德国人是好战的。

这一组推论明显都是想利用逻辑三段论。三段论是恒正确的，但是三段论是有原则的，如果不符合原则，那就不是三段论。

三段论中要求必须且只能出现三个概念。

例子（1）中出现了："人体""由细胞构成的""细胞""细小的"，共4个概念，所以不是三段论。这个推论迷惑人的地方在于，很多人会把"由细胞构成的"和"细胞"当成一个概念。但是事实上，三段论的两个前提都必须是进行性质判断的，我们代换一下，"人体是由细胞构成的""人体是细胞"，这两者显然不是一回事。

例子（2）中出现了"希特勒""德国人""好战的"。然而，两个"德国人"表达的并不是相同的概念。希特勒是德国人，这里德国人表示的是国籍，不指代任何人。而"德国人是好战的"，这里"德国人"是所有国籍为德国的人的集合。也就是说，这个推断中一共出现了4个概念，显然这不是一个三段论，只是一个狡诈的、偷换概念的伪三段论。

总之，悖论蕴含真理，但常被人们描绘为倒置的真理，它在"荒诞"中蕴含哲理，可以给人以智慧的启迪，给人以奇异之美感。

第四节　第一次数学危机

万物皆数。

——毕达哥拉斯

毕达哥拉斯，古希腊数学家、哲学家，创建了毕达哥拉斯学派，是影响西方乃至全世界的人物。

公元前5世纪，毕达哥拉斯悖论的提出，也就是无理数的发现，导致了数学的第一次危机。

一、第一次数学危机的出现

在公元前6世纪，毕达哥拉斯学派坚信：任何一条线段的长度都可以表示为两个整数之比，世界上除了整数和分数（有理数）之外，再也没有别的数了。这就是"万物皆数"的学说。毕达哥拉斯学派信奉"万物皆数"这一信条，认为宇宙中的一切现象都能归结为"数"，即有理数。因此，所有的几何量，如长度、面积、体积等，均可以由整数或整数之比来表示，或者说任何两个量之间都是"可以公度"的，即可以找到一个较小的量去公度它们。当时，他们信奉这一信条是有其"充分"根据的。因为他们已经清楚，有理数之全体具有稠密性与和谐性。所谓稠密性，是说任意两个有理数之间必然存在第三个有理数，从而必然有无穷多个有理数存在，而不管这两个有理数有多么接近。所谓和谐性，是指有理数之间相处得亲密无间，对于任意一个给定的有理数，你永远找不到一个与之最接近的有理数。因此，毕达哥拉斯学派自然地认为，（有理）数就是所有的量。

在那个时期，上述思想是绝对权威，是“真理”。后来，毕达哥拉斯发现了一个毕达哥拉斯定理，即勾股定理。然而，具有戏剧性的是，由毕达哥拉斯建立的这一定理却成了毕达哥拉斯学派数学信仰的“掘墓人”。毕达哥拉斯定理提出后，其学派中的一个成员希帕索斯考虑了这样一个问题：边长为1的正方形，其对角线长度是多少呢？他发现，这一长度既不能用整数表示，也不能用分数表示，而只能用一个新数来表示。这就是数学史上有名的不可公度问题。

像正方形对角线长度这样的几何量，既简单又直观，却不是一个数（量），这自然是一个悖论。这一悖论的出现，动摇了毕达哥拉斯学派“万物皆数”的信条，推翻了毕达哥拉斯学派的基础，引起了毕达哥拉斯学派的恐慌。实际上，这一伟大发现不但是对毕达哥拉斯学派的致命打击，对于当时的古希腊人来说也是一个极大的冲击。这一结论的悖论性，表现在它与常识的冲突上：这么直观的一个量却“不可公度”，这是多么违反常识、多么荒谬的事！它简直把人们以前所知道的事情从根本上推翻了。更糟糕的是，面对这一荒谬，人们竟然毫无办法。这就在当时直接导致了数学认识上的危机，从而导致了西方数学史上一场大的风波，史称第一次数学危机。

据说，当时毕达哥拉斯学派为了维护本学派的威信，下令严密封锁希帕索斯的发现。希帕索斯则由于泄露了这一秘密而被追杀，因此流浪国外数年。后来，在一条海船上，毕达哥拉斯学派的信徒们发现了希帕索斯，他们残忍地把希帕索斯扔进海中。最终，希帕索斯为发现真理而献出了生命，成为第一次数学危机的殉葬品。

二、第一次数学危机的解决途径

第一次数学危机出现后，为了摆脱危机，当时的学者进行了种种努力。在这方面贡献最大的是柏拉图、欧多克索斯和欧几里得。在大约公元前370年，希腊数学家欧多克索斯等人给出两个比相等的新定义，这个矛盾暂时得以解决。当然，从理论上彻底克服这一危机还有待于实数理论的建立。欧几里得在柏拉图、欧多克索斯、亚里士多德等人的工作基础上，建立起第一个几何公理系统，并编写出《几何原本》一书，这无疑是数学思想上的一次巨大革命。

第一次数学危机后，数学家们承认除了整数和分数外，还存在另外的数。由于数学家很不情愿接受这种"怪数"，于是给它起了难听的名字——无理数。甚至直到19世纪，无理数也没有一个名正言顺的地位，但随着分析学的飞速发展，它（或整个实数理论）已不得不被人们摆在台前。到19世纪下半叶，数学分析的进一步发展需要有逻辑严谨的实数理论作为基础，于是两种实数理论几乎在同一时期产生了，这两种实数理论分别由戴德金与康托尔建立，有一个共同点，即都是将实数定义为有理数的某些类型的"集合"。戴德金方法和康托尔方法在近现代数学中都已成为典型的构造方法，被后人不断推广和发展，从而成为数学理论中的有力工具。第一次数学危机也随之化解。

这一危机的化解，使"数"真正具有了表达一切量的可能，不仅是无理数，复数、四元数、超限数、理想数、非标准数等各种各样的数都被创造出来了。

经过第一次数学危机的洗礼，古希腊人不得不承认：直觉、经验乃至实验都不是绝对可靠的（如用任何实验都只能得出一切量均可用有理数表示这个结果），推理论证才是可靠的。证明的思想在古希腊人的心中扎下了根。进一步地，古希腊人发展了逻辑思想，并加深了对数学抽象性、理想化等本质特征的认识。

三、第一次数学危机的影响

第一次数学危机的影响是巨大的。首先，它推动了数学及其相关学科的发展。例如，欧几里得几何就是在此次危机中产生的。其次，虽然第一次数学危机在一定程度上引起了数学思想上的混乱，但数学本身并没有在危机面前停滞，反而在克服危机的过程中产生了逻辑学和公理几何学，取得了重大发展。

总而言之，第一次数学危机的结果是产生了无理数，使人们对实数有了完整的认识，为后来欧几里得、阿基米得等人在数学上的杰出成就，直至牛顿、莱布尼茨创建微积分，奠定了基础。

第五节 第二次数学危机

存在就是被感知。

——乔治·贝克莱

乔治·贝克莱，通常称为贝克莱主教，天才哲学家，英国近代经验主义哲学代表人物之一。

在无理数被引进后，人们越来越觉得还有其他形式的数存在，并且随着数学与其他学科的不断发展，又逐步引入了虚数、负数、无穷小量、无穷远点等。这些量的引入，也曾一度引发了不小的混乱，尤其是无穷小量的使用，更是掀起了轩然大波，激起了众多人的怀疑与批判。其中，贝克莱悖论的提出引发了第二次数学危机。

一、第二次数学危机的出现

数学史上，把18世纪微积分诞生以来在数学界出现的混乱局面叫作第二次数学危机。

牛顿和莱布尼茨是微积分的创立者，他们把有关运动、切线、极值和求积等各种问题的解决统一成微积分方法，有计算微分的明确步骤，确立它是（不定）积分的逆运算，得到牛顿－莱布尼茨公式。这一新生的、有力的数学方法，受到数学家的欢迎，解决了过去无法解决的许多问题。但同时，关于微积分基础的问题也越来越严重了，这就是如何解释无穷小量问题。牛顿给出瞬时速度的定义，又给出有效的计算方法：第一步，用无穷小量为分母，进行除法运算；第二步，把无穷小量看作零，以去掉那些包含它的项，而得到所要的公式。这时的微积分只有方法，没有严密的理论作为基础，许多方面存在着漏洞，还不能自圆其说。

无穷小量在逻辑推理上是零与非零的矛盾，牛顿却不能在逻辑上说清楚，无论是用数学语言，还是利用物理意义，他都没有说清楚无穷小量是什么。

科学家们相信无穷小量，因为它使用起来十分有效，得出的结果总是对的。但是由于逻辑上的漏洞，无穷小量遭到一些人的指责，甚至嘲讽与攻击。对新生的微积分攻击得最厉害的是爱尔兰主教贝克莱，他的观点是"存在即被感知"，认为一切事物不过是人的感知的综合，他的哲学目的是论证上帝的存在。贝克莱在1734年写了《分析学家》一书，副标题是"致不信神的数学家"，该书批评微积分的发展包含了偷换假设的逻辑错误。他问道，无穷小量究竟是不是0？其忽儿不是0，忽儿又是0，这不是自相矛盾吗？ 这种"无穷小量到底是否为0"的悖论，也就是著名的"贝克莱悖论"。

这一悖论的提出，在当时的数学界乃至整个社会都引起了一定的混乱，由此导致了第二次数学危机的产生。

贝克莱所谓的"消失了的量的鬼魂"，显然是过分之词。但不得不承认，他提出的问题准确地抓住了当时微积分理论概念不清晰、运算缺乏严密逻辑基础的弊病，正对准了微积分学最薄弱的地方。尽管当时的很多科学家都曾试图解决这个悖论所提出的问题，但由于微积分的理论基础实在太薄弱了，大多数人都没有很大的进展。于是，后来的大部分数学家不顾基础的严密与否，而转向研究微积分的上层分支，并且得到了一系列重要成果。

第二次数学危机的另一导火线还包括著名的古希腊诡辩家芝诺提出的四大悖论，它们是针对微积分中连续与离散以及无穷小量的逻辑意义提出的问题。

经过无数杰出学者的多年努力，特别是著名数学家柯西的贡献，重建微积分的严密逻辑基础这项重要而困难的工作终于基本完成了。而后，极限理论、康托尔集合论的创立，宣布了第二次数学危机的基本解决。微积分的确立，清楚地表明了代数运算的优越性及其解决当时的科学问题的有效性和广泛性，并使得人们最终接受了微积分的概念和计算方法。微积分的建立，给数学带来一个巨大的繁荣时期，逐渐建立起了常微分方程、偏微分方程、变分学、积分方程、无穷级数、复变函数与复分析、泛函分析等数学分支。可以说，微积分带给了数学世界一个辉煌的时代，而对诸多悖论的研究打下了微积分坚实的基础。

但令人遗憾的是，无论是微积分还是非欧几何的真理性，都被归结于实数理论的无矛盾性，这是第二次数学危机遗留下的一个尾巴。从某个方面讲，这也为第三次数学危机留下了隐患。

二、第二次数学危机的解决途径

贝克莱悖论的提出与第二次数学危机的出现，使得微积分的基础问题得到更多的重视。在17世纪和18世纪，数学家们不顾贝克莱等人的挑剔和攻击，受微积分有大用处的鼓舞，继续在不牢固的基础上建筑微积分的大厦。在英国，数学家马克劳林对贝克莱悖论给出最重要的回应。虽然马克劳林用巨大的努力回答了贝克莱的质疑，但18世纪的大多数数学家对他这种用几何方法严格论证微积分的工作并不欣赏。后来，欧拉、达朗贝尔、拉格朗日等为微积分基础的严密化作出了重大贡献，但是微积分的逻辑基础在18世纪结束的时候仍然是一个悬而未决的问题。

19世纪初，许多迫切的问题基本上得到了解决，一种追求严密性的风尚开始在数学界蔓延开来。一些数学家开始沿着正确的途径建立微积分的严格基础，其中，波尔查诺给出了连续性的正确定义；阿贝尔指出要严格限制级数展开及求和的使用；柯西抓住极限的概念，指出无穷小量和无穷大量都不是固定的量，而是变量，无穷小量是以零为极限的变量，并且定义了导数和积分；狄利克雷给出了函数的现代定义；在这些工作的基础上，魏尔斯特拉斯消除了其中不确切的地方，完成了一套被认为是天衣无缝的“ε-N（ε-δ）”语言，严格限定了极限的定义。人们放弃了无穷小量，而是以一个极限理论统一了导数和积分概念。由于这个理论用不着无穷小量，一切都按程序操作，无穷小量引起的混乱也就被消除了。19世纪80年代初，魏尔斯特拉斯、戴德金、康托尔等人建立了实数理论，而且在实数理论的基础上，建立起极限理论的基本定理，从而使数学分析中微积分的理论基础——严格的极限理论建立起来，使微积分的发展从此进入一个新的阶段。原有的悖论在新的体系下可以圆满地得以解决，第一次数学危机和第二次数学危机几乎同时在19世纪被化解。

三、第二次数学危机的影响

第二次数学危机的解除与第一次数学危机的解除，两者实际上是密不可分的。为了解决微积分问题，必须建立严密的无理数定义以及完整的实数理论。有了实数理论，加上柯西和魏尔斯特拉斯的极限理论，第一、第二次数学危机相继被化解。

微积分理论基础的建立，在数学上有着深远的意义，一方面，消除了微积分长期以来带有的"神秘性"，这个过程虽然是曲折的，但是人们的思想终于突破了形而上学的框框，掌握了无穷小的辩证本质；另一方面，加速了微积分的发展，产生了复变函数、实变函数、微分方程、变分学、积分方程、泛函分析等学科，形成庞大的分析体系，成为数学的重要分支，对数学的发展具有深刻的意义。

第六节 第三次数学危机

数学是符号加逻辑。

——罗素

罗素，英国哲学家、数学家、逻辑学家、历史学家，也是20世纪西方最著名、影响最大的学者和和平主义社会活动家。

17世纪、18世纪和19世纪都是近代数学蓬勃发展的世纪，但每一时期的特点有所不同。前两个世纪可以说是迅猛前进、广为开拓的世纪，后一个世纪则可以说是走向更加成熟的世纪，是重大理论成果累累的世纪，如非欧几何的出现使几何理论更加扩展和完善，实数理论（极限理论）的出现使微积分有了坚实的基础，群的公理、算术公理的出现使代数的逻辑基础更为明晰，等等。然而，一波未平，一波又起。前两次数学危机解决后不到30年，又卷起了第三次数学危机的轩然大波。1902年，罗素悖论的发表标志着第三次数学危机的到来。

一、第三次数学危机的出现

1874年，数学家康托尔创立了一门崭新的数学分支——集合论。集合论是数学发展史中最具革命性的理论，其初衷是为整个数学大厦奠定牢固的基础。到19世纪末，康托尔的集合论已经得到数学家们的承认，并且成功地被应用到了其他数学分支。集合论可以算作最基本的学科，不仅是一切数学的基础，而且是其他学科的基础。有了集合论，数学似乎已经达到了“绝对的严格”。一句话，整个数学的严格性建立在集合论基础之上了。数学家们为这一切而陶醉。在1900年的第二次国际数学家大会上，著名数学家庞加莱宣布：“……借助集合论概念，我们可以建造整个数学大厦……今天，我们可以说绝对的严格性已经达到了……”这表达了当时数学家们共同的心情。无穷集合，成了数学的伊甸园。

正当人们在无穷集合的伊甸园中优哉游哉，并陶醉于数学绝对严格性的时候，一个惊人的消息迅速传遍了数学界：“集合论是有漏洞的！”一串串数学悖论冒了出来，其中英国数学家罗素于1902年提出的罗素悖论影响最大。

罗素悖论也叫罗素－策梅洛悖论，因为策梅洛同时独立地发现了这一悖论。

罗素悖论是这样的：构建一个集合R，它由所有不含自身作为元素的集合组成。罗素问道：R是否属于R？也就是，作为一个集合，R本身是否是R的元素？如果$R \notin R$，则按照R的定义，有$R \in R$；如果$R \in R$，则按照R的定义，有$R \notin R$。真奇怪：无论哪种情况，都会使我们陷于自相矛盾、进退两难的尴尬境地！为了使它更通俗易懂，罗素在1919年将其改写为“塞维尔村理发师悖论”。

塞维尔村有一位手艺高超的理发师宣称，他将给村里所有不给自己刮胡子的人刮胡子。试问：这个理发师的胡子将由谁刮？

分析：

（1）如果他不刮自己的胡子，他是一个不给自己刮胡子的人，可按他自己的约定，他又必须自己给自己刮胡子，所以他又是属于自己给自己刮胡子的一类。

（2）如果他给自己刮胡子，由于他只给不给自己刮胡子的人刮胡子，按约定他又不该给自己刮胡子，因为他是一个自己给自己刮胡子的人。

这两类人是不同的，按上面的推理，这个理发师又要给自己刮胡子，又不能给自己刮胡子。对集合定义来说，这是自相矛盾的！

应当说在罗素悖论提出之前，集合论就已经出现过悖论，如在1895年布拉里·福蒂和康托尔先后提出了最大序数悖论和最大基数悖论。而罗素悖论不仅关系到集合论理论本身，而且涉及逻辑推理，引发了数学界一场非常热闹的探索和争论。可以说，它引起了数学王国的一场大地震，动摇了整个数学的基础，使号称“天衣无缝”的数学陷入了自相矛盾的危机，这就是所谓的第三次数学危机。

二、第三次数学危机的解决途径

罗素悖论就像一颗重磅炸弹，使数学家们从美梦中惊醒，引起了数学界的极大恐慌。

有一位叫弗雷格的数学家，一直主张用集合论作为数学的“永恒的、可靠的基础”。他写了一本书，叫作《算术的基本规律》。当把书稿送去出版社付印后，他收到罗素的信，信中阐述了那个悖论。弗雷格看完信后，又到出版社在书稿末尾补写了一句话：“一位科学家不会碰到比这更难堪的事情了，即在工作完成之际，它的基础垮掉了。当本书等待付印之际，罗素先生的一封信把我置于这样的境地。”另一位数学家戴德金也是这样，其《连续性与无理数》一书的第三版本已送到出版社付印，一得知罗素悖论之后，就赶快把书稿抽回来重新审查。还有一位荷兰的著名数家布劳威尔，在知道罗素悖论以后，宣布自己过去对数学的研究成果全是“废话”。连大数学家庞加莱后来也不得不改口：“我们设置栅栏，把羊群围住，免受狼的侵袭，但是很可能在围栅栏的时候就已经有一条狼被围在其中了。”

怎么办？数学家们立即投入消除悖论的工作。庆幸的是，产生罗素悖论的根源很快被找到了！原来，康托尔提出集合论时，对“集合”的概念没有做必要的限制，以致可以构成“一切集合的集体”这种过大的集合让罗素这样的“好事者”“钻了空子”。

罗素为了解决悖论，曾提出过多种解决方法。他在《数学原理》一书中尝试性地提出了类型论，接着又提出了非类理论，即类和关系完全禁用。很快，他发现非类理论不适当。后来，罗素把悖论加以分析之后得出结论，认为一切悖论的共同特征是“自我指谓”，或者自指示、自反性，它们都来源于某种“恶性循环”。这种恶性循环来源于某种不合法的集体（总体或全体）。这类集体的不合法之处在于，定义其成员时要涉及这个集体的整体，罗素悖论是最明显的例子。定义不属于自身的集合时，涉及"自身"这个整体，这是不合法的。这种涉及自身的定义称为非直谓定义。所以要避免悖论，只需遵循"（消除）恶性循环原理"，"凡是涉及一个集体的整体的对象，它本身不能是该集体的成员"。根据这个原则，罗素提出了他的分支类型论。但是，分支类型论禁例太严。为此，罗素引进了可化归性公理，这样一来，就可以不必考虑约束变元的级了。这就是简单类型论。虽然简单类型论也许能够消除悖论，但是缺点很多，非常烦琐，特别是引进可化归性公理具有很大的任意性，因此受到很多批评。不过，它的历史作用还是很大的。借助它，罗素才实现了他的逻辑主义纲领，完成了前人没有完成的工作。

1908年，策梅洛采用把集合论公理化的方法来消除罗素悖论。他在论文《集合论基础研究》中，把集合论变成一个完全抽象的公理化理论。在这样一个公理化理论中，集合这个概念一直都不加以定义，而它的性质就已经由公理反映出来了。他不说什么是集合，而只讲从数学上怎样来处理它们。策梅洛的公理系统（记作Z）把集合限制得使之不要太大，从而消除了罗素悖论产生的条件。策梅洛首次提出集合论公理系统，意义是非常重大的。但是，其中有许多缺点和问题，遭到了各方面的批评。另一方面，许多人对策梅洛公理集合论提出了许多改进意见。弗兰克尔加进了一个公理组——替换公理。另外，弗兰克尔还把公理以符号逻辑表示出来，形成了现在通用的ZF系统。一般认为，经过弗兰克尔改进的策梅洛集合论公理系统足以满足数学发展的需要，但是需要再加一条限制性公理，即除了满足这些公理集合之外没有其他集合。

采取这样一个公理，是出于一个悖论的启发，这个悖论最初是由法国数学家米里曼诺夫在1917年提出的，涉及所谓的基础集合。为了排除这种集合，冯·诺依曼引进了基础公理，从而消除了上述悖论。这样定义的集合论（记作ZFC）中，虽然与连续系统假设有关的"幂集公理"没有疑点，但正因为不包含有很多问题的"选择公理（AC）"，满足了数学发展的需要，避免了许多麻烦的产生。

策梅洛、冯·诺依曼等人的公理回避了集合论悖论中的矛盾，从而消除了以罗素悖论为代表的一系列集合悖论。第三次数学危机也随之解除了。

三、第三次数学危机的影响

第三次数学危机造成了关于数学基础的大论战，推动了数理逻辑的发展与一批现代数学分支的产生。这场研究数学基础的大论战，终于使人们意识到以集合论为基础的数学是最为理想的。在解决这次危机的过程中，相继出现了逻辑主义、直觉主义、形式主义，产生了公理化方法、点集拓扑学、数理逻辑等新颖学科，极大地促进了数学的发展，为20世纪抽象代数、拓扑学、泛函分析、测度论、积分论、概率论的进一步发展，及非标准分析、突变理论、模糊数学的建立，奠定了新的理论基础。

第七节　悖论对数学发展的影响

若没有某种大胆放肆的猜想，一般不可能有知识的进展。

——高斯

高斯，德国著名数学家、物理学家、天文学家、大地测量学家。

数学发展是矛盾运动的结果，问题就是矛盾，解决问题就是促使矛盾转化。

数学的历史，就是不断解决数学矛盾又产生新的数学矛盾，例如，正与负、直与曲、平行与相交、已知与未知、常量与变量、有限与无限、连续与不连续、精确与近似、必然与或然、加法与减法、乘法与除法、乘方与开方、微分与积分、几何变换与其逆变换、实在的与虚构理性的，等等。当然，在整个数学发展过程中还有许多深刻的矛盾，例如，有穷与无穷、连续与离散、存在与构造、逻辑与直观、具体对象与抽象对象、概念与计算等。这些矛盾可以说贯串了整个数学发展史，而这些大大小小的矛盾的产生、激化、解决，总是不断地推动数学产生新的概念、新的方法、新的理论，也可能产生新的危机。

危机实际上是一种激化的、非解决不可的矛盾，而这些矛盾的消除往往给数学带来新的内容、新的进展，甚至引起革命性的变革，这也反映出矛盾斗争是事物发展的历史动力的基本原理。

纵观数学发展史，数学问题是数学的一种疑难和矛盾，它的提出和解决是推动数学发展的重要力量。同时，数学问题的宝库是无穷无尽的，一个问题一旦解决，无数新的问题就代之而起。数学悖论既引起了著名的三次数学危机，又推动了数学的各个分支不断向前发展。提出和解决悖论问题，不但可以丰富数学理论，还可以创造新的数学观点，推动数学的发展。数学悖论的出现，引导人们向未知领域进行探索，促进数学的繁荣和发展，具有重要的历史意义。

从人类研究涉及无限的悖论的情况来看，悖论与人类对无限的认识之间存在着辩证的关系。许多悖论的出现，与当时人们对无限的认识不足密切相关。涉及无限的悖论的提出和研究，不断提升着人类对无限的认识水平。仅就数学发展史上出现过的三次数学危机来看，都与涉及无限的悖论有关。第一次是由于无理数（无限不循环小数）的发现与当时流行的"只有通约量"的信念冲突，形成了毕达哥拉斯悖论。第二次是牛顿和莱布尼茨在创立微积分理论时，由于没有认清无限小量的本质而形成贝克莱悖论；第三次是康托尔创立无限集合论时，由于没有认清潜无限与实无限的辩证关系而形成集合论悖论。在数学界、哲学界和逻辑学界的共同努力下，这些数学悖论得到了消除，人们对无限的认识也得到了提升。

随着第三次数学危机的解决，数学出现了新的转折——数理逻辑的兴起与发展。然而，对悖论的研究并没有结束。关于悖论问题的研究，对数学基础理论、逻辑学、语言和哲学的研究来说都是有意义的。从语义学、类型论、公理化集合论，到近代数学的三大流派（逻辑主义、直觉主义、形式主义）的形成和发展，均与悖论问题的研究有关。还有，公理化方法、数理逻辑、证明论和模型论的形成和发展，除了非欧几何的产生外，也与悖论问题的研究有关。塔斯基说：“必须强调的是，悖论在建立现代演绎科学的基础中占有一个特别重要的地位。”

考察数学史中出现的种种悖论，在某种程度上是对人类思想史和科学史的一种解读。现在已经出现的悖论中，还有许多没有得到令人满意的答案，而且可以预见，科学探索的不断前进还会带来更多更令人困惑的悖论。但这并不可怕，每一个令人愁肠百结、夜不能寐的悖论，带来的都不是终结，而是令人眼界大开的柳暗花明。

第八节　数学悖论小故事

我明白一件事情，那就是我什么都还没弄明白。

——苏格拉底

苏格拉底，著名的古希腊思想家、哲学家、教育家，是西方哲学的奠基者。

“悖论”这个词的意义比较丰富，它包括一切与人的直觉和日常经验相矛盾的数学结论，而那些结论往往会使我们惊讶无比。

悖论有点像变戏法。人们看完变戏法以后，几乎马上就想知道这套戏法是怎么变的。当得知悖论中的技巧后，人们便不知不觉地被引入深奥而有趣的数学世界中。

1. 唐·吉诃德悖论

小说《唐·吉诃德》里描写过一个国家，它有一条奇怪的法律，每个旅行者都要回答一个问题：“你来这里做什么？”回答对了，一切都好办。回答错了，就要被绞死。

一天，有一个旅行者回答："我来这里是要被绞死的。"旅行者被送到国王那里？国王苦苦想了好久：他的回答是对还是错？究竟要不要把他绞死？如果说他回答对了，那就不要绞死他，可这样一来，他的回答又成了错的！如果说他回答错了，那就要绞死他，但这恰恰又证明他回答对了。实在是左右为难！

2. 强盗的难题

强盗抢劫了一个商人，并将商人捆在树上。强盗头子对商人说："我本想立即杀掉你，但在临死之前，再给你一个机会。你说我会不会杀掉你？如果你说对了，我就放了你，绝不反悔！如果你说错了，我就杀掉你。"

聪明的商人仔细一想，便说："你会杀掉我。"这下，轮到强盗发呆了：如果我把他杀了，他就说对了，那么就应该放了他；如果我把他放了，他就说错了，却又应该把他杀掉。强盗陷入了进退两难的境地，对商人顿生佩服之心，于是将商人放了。

3. 梵学者的预言

这是一个梵学者（印度的预言家）的女儿用悖论来为难她父亲的故事。

女儿在纸上写了一行字，然后压在水晶球的下面，对父亲说：纸上写的可能发生，也可能不发生。如果你预言会发生就写"是"，反之就写"不"。

梵学者写下他的预言——"是"。女儿拿出水晶球下面的纸，念道："你将写一个'不'字。"实际上，梵学者要是写个"不"字，也会错，因为预言已经发生了。

女儿的"不"有两重含义，一方面与字面上的"是"相反，另一方面与实际上的"不"相反，使用了双重标准。其实，由于没有事先界定，梵学者也可以反过来和他的女儿进行争论。

4. 意想不到的老虎

公主要和迈克结婚，国王提出一个条件："我亲爱的女儿，如果迈克打死这五个门后藏着的一只老虎，你就可以和他结婚。迈克必须按次序开门，从1号门开始。他事先不知道哪个房间里有老虎，只有开了那扇门才知道。这只老虎的出现将是料想不到的。"

迈克看着这些门，说道："如果我打开了四个空房间的门，我就会知道老虎在第五个房间。可是，国王说我不能事先知道它在哪里，所以老虎不可能在第五个房间。第五个房间被排除了，所以老虎必然在前四个房间内。同样的推理，老虎也不会在最后一个房间——第四个房间。”按同样的理由推下去，迈克证明老虎不可能在第三、第二和第一个房间。于是，迈克满怀信心地去开门。使他惊骇的是，老虎从第二个房间跳了出来。

迈克的推理并没有错，但他失败了。老虎的出现完全出乎意料，表明国王遵守了自己的诺言。也许，迈克进行推理的本身就与国王关于老虎“料想不到”的条件发生了矛盾。迄今为止，对于迈克究竟错在哪里，逻辑学家们还没有得出统一意见。

5. 伽利略悖论

我们都知道，整体大于部分。在ΔABC中，由线段BC上的点往顶点A连线，每一条线都会与线段DE（D点在AB上，E点在AC上）相交，因此可得DE与BC一样长，此处便出现了矛盾。

6. 预料不到的考试悖论

一位老师宣布，在下一星期的五天内（星期一到星期五）的某一天将进行一场考试，但他又告诉班上的同学：“你们无法知道是哪一天，只有到了考试那天的早上八点钟才通知你们下午一点钟考试。”

你能说出为什么这场考试无法进行吗?

7. 选举悖论

A、B、C三人竞选，民意测验表明：有2/3的选民愿选A而不愿选B，有2/3的选民愿选B而不愿选C。于是，A说：“根据2/3的选民保我而反B，2/3的选民保B而反C，说明我优于B，B优于C，所以我优于C，从而我最优，应该选我。”C不服：“那2/3保A反B之外的1/3选民反A而保C，那2/3保B而反C的选民之外1/3的选民反A而保C，则2/3的选民保C而反A，按你的逻辑，我亦优于你，你优于B，我最优，应选我。”B接着说：“按你们的说法，B优于C，C优于A，则B优于A，即我亦最优，应该选我。”

这种民意测验能说明什么呢?

这个悖论最初出自肯尼斯·阿罗之手。肯尼斯·阿罗于1972年获诺贝尔经济学奖，在1951年给出民主选举的所谓选举公理，以求得选举的公平合理，避免发生独裁者从中操纵选举的问题。后来，他证明出一条定理，指出不存在满足阿罗公理的十全十美的民主选举。

8. 秃头悖论

一位已经谢顶的老教授与他的学生争论自己是否为秃头的问题。

教授：我是秃头吗?

学生：您的头顶上已经没有多少头发，确实应该说是。

教授：你秀发稠密，绝对不算秃头。那我问你，如果你头上脱落了一根头发之后，能说变成了秃头吗?

学生：我减少一根头发之后，当然不会变成秃头。

教授：好了，总结我们的讨论，得出下面的命题——“如果一个人不是秃头，那么他减少一根头发仍不是秃头”，你说对吗?

学生：对!

教授：我年轻时也和你一样有一头秀发，当时没有人说我秃头，后来随着年龄的增长，头发一根根减少到今天的样子。但每掉一根头发，根据我们刚才的命题，我都不应该被称为秃头。这样经有限次头发的减少，使用这一命题有限次，结论就是“我今天仍不是秃头”。

第五章 竭智尽力
——数学难题

问题是数学之源，解题是数学之本。

大部分人不喜欢数学，因为数学有问不完的问题，有解不完的难题。而“问题是数学的心脏”是尽人皆知的“至理名言”，是数学发展的动力，数学的历史就是数学问题提出、探索和解决的历史。美国当代数学家哈尔莫斯在《问题是数学的心脏》一文中指出：“诚然，没有这些（指公理、定理、证明、概念、定义、理论、公式、方法）组成部分，数学就不存在，这些都是数学的组成部分，但是，它们中的任何一个都不是数学的心脏，这个观点是站得住脚的，数学家存在的主要理由就是解题。因此，数学的真正组成部分是问题和解。”

希望阅读本章的学习者能从中得到启发，燃起心中对数学学习的热情。更殷切期待，其中的某些难题在你看来也许不像我们所说的那么难，这些题之所以难是因为你没有出现。

你来了，就好了！

第一节　古代几何作图三大难题

纯数学这门科学在其现代发展阶段，可以说是人类精神之最具独创性的创造。

——阿尔弗雷德·诺思·怀特黑德

阿尔弗雷德·诺思·怀特黑德，英国数学家、哲学家，“过程哲学”的创始人。

在几何学范畴中，曾出现过著名的三大数学难题——三等分角问题、倍立方问题与化圆为方问题，它们是由古希腊人提出的，由于其中的尺规作图法限制，所以这三个表述简洁、看似简单的问题，让一代代数学家苦苦思索了2000多年才得以证伪，从而在数学史上留下了浓墨重彩的一笔。

一、尺规作图法

古希腊的几何学发展迅速，出现了如《几何原本》这样的不朽之作。而在这部经典之作中就提到了尺规作图法，那么什么是尺规作图法呢？

“尺”就是指直尺，但请注意，一定得是没有刻度的直尺。

没有刻度的直尺可以做什么呢？

只能做两件事情：连接两个已知的点，任意延长一条已知的线段。而且，只能有限次地使用直尺。

“规”自然就是指圆规了。中国古代用“规”来画圆，用另一种叫作“矩”的工具来画直角图形。所以“不以规矩，不能成方圆”的本意是，如果没有规和矩，我们就画不出圆形和方形。

圆规能做的事情更少：以一个已知的点为圆心，固定长度为半径，画一个圆（或圆的一部分，即圆弧）。而且，只能有限次地使用圆规。

若违反了以上规定，作出的图形就是非法的，当时的古希腊人是不予承认的。

就是利用这么两个看似粗糙的工具，古代的数学家们作出了各种各样的美丽的图形。

比较系统地研究尺规作图的是古希腊数学家安纳萨戈拉斯。由于政治斗争，他被关进了监狱，正好得以静下心来研究尺规作图。由于生活条件受到一定的限制，他在作图时很难有精确而规范的工具，于是提出了尺规作图的各项规定。

后来，数学家欧几里得以理论形式将安纳萨戈拉斯的研究成果固化在其著作《几何原本》里，从而为世人所知。

二、三个传说

1. 太阳神的要求——倍立方问题

传说中，古希腊有一个提洛岛。有一年，岛上发生了大瘟疫，居民们去神庙祈求他们侍奉的太阳神阿波罗，想要免除这场灾难。

祭司告诉大家，阿波罗不是很满意，因为居民们祭祀的正方体祭坛太小了。要想免除瘟疫，阿波罗要求做一个新的祭坛，体积要是现在祭坛的两倍。

居民们尝试着把原来祭坛的边长延长一倍，可这样一来，体积就是原来的八倍了，不能满足神的要求。

到底怎样才能做一个合乎要求的立方体？人们便去求教当时最有名的数学家，可数学家也毫无办法。

于是，这个问题——倍立方问题：仅仅使用圆规和无刻度的直尺，作出一个新的立方体，体积是已知立方体的两倍——就成为几何作图的难题之一。

倍立方问题的本质是：如何用尺规作图作出2的三次方根。

古希腊的先哲柏拉图和他的学生们对这个问题也很感兴趣。柏拉图曾经想出一个方法来解决这个问题，但由于在此方法中同时使用了两块三角板，而且利用了直角顶点，所以违反了尺规作图的要求。另外，他的学生梅内赫莫斯（研究圆锥曲线的鼻祖）首先利用圆锥曲线里的抛物线，巧妙地解决了倍立方问题，但遗憾的是他的作图方法也不是纯粹的尺规作图。所以，这一问题成了几何学上的一大难题并流传下来。

2. 公主的任性——三等分角问题

在古埃及的亚历山大城郊，有一座圆形的别墅，有一条河流横亘在别墅中间。在圆心处的居室里，住着一位公主。别墅的南北围墙上分别开有一个门，河上建有一座桥，桥与北门、南门正好在一条直线上。国王每天赏赐给公主的物品，从北门送进，放到南门的仓库里，然后公主再派人去南门取。

有一天，公主突然提出：如果南门的位置固定，如何确定北门和相应的桥的位置，可以使从北门到居室和从北门到桥的距离相同呢？

我们无从得知这位公主出于什么考虑而要达到这个目的，但这个要求经过工匠们的一番推算以后发现，只要能把一个任意的角度三等分，公主的这个要求就能够被满足。

事实上，若要把一个周角或平角或直角三等分，是可以办到的，但这些直角、周角、平角都是特殊角而不是任意角，不具有一般性。

最后，工匠们向大数学家阿基米得求教。

阿基米得果然不负众望，很快就解决了三等分角的问题。可正当大家夸赞其了不起的时候，阿基米得说："这个确定北门和桥位置的方法固然是可行的，但只是权宜之计，它是有破绽的。"

这个所谓的破绽就是，在使用的直尺上做了标记，相当于给尺做了刻度，而这在尺规作图中是不允许的。

所以，三等分任意角就成为连阿基米得也没能彻底解决的尺规作图的难题。

3. 一个囚徒的冥想——化圆为方问题

第三个难题是安纳萨戈拉斯在监狱中想出来的。

安纳萨戈拉斯被关押的牢房里有一个正方形的铁窗，圆圆的月亮透过铁窗照进牢房，他不断变换观察的位置，发现一会儿圆形面积比正方形面积大，一会儿正方形面积又比圆形面积大。那么，圆形面积和正方形面积能不能相等呢？这就是化圆为方问题：如何作出一个和已知的圆面积相等的正方形？这个问题的本质是用尺规作出π的平方根。

这个有趣的问题吸引了许多的数学家。公元前400年的希腊数学家希波克拉底曾就化圆为方进行过一些外围的尝试，而且很成功地找到了一种将曲线图形的面积转化为正方形面积的方法。希波克拉底的成功大大鼓舞了一些人继续寻找化圆为方方法的热情和信心，可结果仍是一次次的失败。欧洲文艺复兴时代的艺术大师达·芬奇也曾对化圆为方问题很感兴趣，并提出一个十分巧妙的方法，可惜这种方法也不是标准的尺规作图。

三、盖棺定论的三大难题

倍立方、三等分任意角和化圆为方合称为古代三大几何难题。

这三个问题表面上看十分容易，所以在19世纪前，许多著名数学家、科学家和数学爱好者都研究过这三个问题，可是始终都解决不了。有人悟及正面的结果既然无望，能否从反面去考虑，即证明这三个问题是不能由尺规作图来解决的。渐渐地，更多的人转而思考它们的不可能性问题，数学家们开始考虑哪些图形是可以用尺规作出的，哪些图形是不可以用尺规作出的，标准是什么，界限在哪里……可这依然是十分困难的研究。但无论如何，研究方向的及时改变奠定了彻底解决问题的坚实基础。

重大转机出现在解析几何诞生后。1837年，法国数学家万芝尔证明了倍立方、三等分任意角是不可能用尺规作图作出的。1882年，数学家林德曼证明了π是超越数，化圆为方问题也不可能用尺规作图解决。这才结束了历时2000多年的数学难题公案。

克莱因在总结前人研究成果的基础上，在1895年德国数理教学改进的会议上，给出了这三大几何问题不可能用尺规作图的简单而明晰的证法，从而使2000多年未得解决的难题得以解决。

有趣的是，如果对尺规作图的条件稍稍放宽一些，如允许在尺上做标记等，那么这三大难题其实都是可以解决的。

四、启示

三大几何问题经历了2000多年，凝聚了无数数学家的心血，最终在解析几何理论的帮助下得到解决。也许有人会问，假如在实际中碰到上述三个问题，只要行之有效，何苦一定要用尺规法作图呢？其实，对数学的认识和研究并非一定要实用，数学家对每一个数学未知之谜都有弄清究竟、搞得明白的劲头，而正是这种对真理执着追求的精神，才使数学得以迅速发展。

解决一个问题的副产品有时比解决问题本身还有价值。例如，在研究上述三个尺规作图问题的过程中，很多数学家都有创造性的发现，极大地丰富了数学的内涵。三大几何难题开创了圆锥曲线的研究，发现了一些有价值的特殊曲线，提出了尺规作图的判别准则，等等。特别值得一提的是，在三大难题获得解决的同时，法国数学家伽罗华从一般角度对不可能问题进行了研究。1830年，19岁的伽罗华提出了解决这一类问题的系统理论和方法，从而创立了群论。群论是许多实际问题的数学模型，应用极其广泛，而三大难题只不过是它的推论、例题或习题。

千古难题一般需要新的方法。对待一个未解决的问题，特别是历史长、影响深、经无数知名数学家钻研而尚未解决的著名问题，一般需要新的理论才能解决，在原来的理论体系中是解决不了的。

第二节 费马大定理

精巧的论证常常不是一蹴而就的，而是人们长期切磋积累的成果。

——阿贝尔

阿贝尔，挪威数学家。

费马大定理挑战了人类三个世纪，耗尽人类众多杰出大脑的精力，终于在1994年被怀尔斯攻克了。

故事涉及三位相隔2600多年的数学家，第一位是公元前1500年左右的古希腊数学家毕达哥拉斯，第二位是公元前250年前后的古希腊数学家丢番图，第三位是法国数学家费马。

1637年，30多岁的费马在读丢番图的名著《算术》的法文译本时，在书中关于毕达哥拉斯不定方程$x^2+y^2=z^2$的全部正整数解的这页的空白处，用拉丁文写道："将一个正整数的立方表示为两个正整数的立方和；将一个正整数的四次方幂表示为两个正整数的四次方幂的和；或者一般地说，将一个正整数高于三次的幂表示为两个正整数同次幂的和，这是不可能的。对此，我确信已经找到了令人惊异的证明，但是书页的边幅太窄了，无法把它写下来。"费马去世后，人们在整理他的遗物时发现了这段话。1670年，费马的儿子发表了这一部分笔记。用数学语言来表达就是，方程$x^n+y^n=z^n$，在$n>2$时没有正整数解。

这一猜想提出后，经欧拉等数代人的努力，在200年间只解决了$n=3$，4，5，7四种情形。1847年，库默尔创立代数数论这一重要现代学科，证明了对于所有小于100的素指数n，费马大定理成立。

历史上，对费马大定理的研究高潮迭起、传奇不断。其惊人的魅力，曾在最后时刻挽救自杀青年于不死。这个青年就是德国的沃尔夫·凯勒，他后来为费马大定理设悬赏10万马克，期限为1908—2007年。最现代的计算机加数学技巧验证了400万以内的n，但这对于最终的证明而言是无济于事的。1983年，德国的法尔廷斯证明：对任一固定的n，最多只有有限多个x，y，z。这一结论震动了世界，法尔廷斯也因此获得了菲尔兹奖（数学界的最高奖）。

历史的新转机发生在1986年。有人证明了：费马大定理包含在谷山丰－志村猜想之中。童年就痴迷于此的英国数学家怀尔斯，听闻此消息后立刻潜心于书房7年，终于在1993年6月23日剑桥大学牛顿数学科学研究所的“世纪演讲”中，宣布证明了费马大定理。这一消息立刻震动了世界。不幸的是，数月后，人们逐渐发现此证明有漏洞。怀尔斯公开承认证明有问题，表示会很快修正。1994年9月19日的早晨，怀尔斯在思维的闪电中突然找到了迷失的钥匙：解答原来就在废墟中！1995年5月，怀尔斯的历史性长文《模椭圆曲线和费马大定理》发表在《数学年刊》第142卷上，实际占满了全卷，共5章，130页。1997年6月27日，怀尔斯获得了沃尔夫·凯勒10万马克的悬赏大奖。此后，他还获得了美国国家科学院奖、菲尔兹特别奖。

费马是一位数学业余爱好者，被誉为“业余数学家之王”。他酷爱数学，把自己所有的业余时间都用于研究数学和物理学。由于思维敏捷、记忆力强，又具备研究数学所必需的顽强精神，所以，他获得了丰硕的成果，得以跻身17世纪大数学家之列。

费马通晓法语、意大利语、西班牙语、拉丁语和希腊语，而且颇有研究。语言方面的博学给费马的数学研究提供了语言工具，使他有能力了解和学习阿拉伯与意大利的代数以及古希腊的数学，为他在数学上的造诣奠定了良好的基础。

费马从未接受过专门的数学教育，数学研究也不过是其业余爱好。然而，在17

世纪的法国，还找不到哪位数学家可以与之匹敌：他是解析几何的发明者之一，对于微积分诞生的贡献仅次于牛顿、莱布尼茨，是概率论的主要创始人，是独撑17世纪数论天地的人。此外，费马对物理学也有重要贡献。

第三节　哥德巴赫猜想

数学中的一些美丽定理具有这样的特性，它们极易从事实中归纳出来，但证明却隐藏得极深。

——高斯

高斯，德国著名数学家、物理学家、天文学家、大地测量学家。

哥德巴赫猜想是世界近代三大数学难题之一，是数论中存在最久的未解问题之一。

一、哥德巴赫

在了解哥德巴赫猜想之前，我们先来认识一下哥德巴赫本人。哥德巴赫于1690年3月18日出生于普鲁士柯尼斯堡（现在的俄罗斯加里宁格勒），曾在英国牛津大学学习法学。他在欧洲各国访问期间结识了伯努利家族的成员，所以对数学产生了兴趣。哥德巴赫作为数学家是非职业的，纯属业余爱好，但他对数学具有独到的洞察力，并与许多著名数学家交往甚密。哥德巴赫在数学分析领域中的研究成果并不高深，但在数论方面的确有独到的见解，这一点在他与欧拉的通信中得到了证实。欧拉是18世纪著名的数学家之一，哥德巴赫比他年长17岁，从1729年开始到1763年的30余年中，他们之间的书信往来不断，成为了忘年交。哥德巴赫猜想则正是源于他们之间的通信。

二、哥德巴赫猜想

1742年6月7日，哥德巴赫在给欧拉的信中提出了一个问题，即任何一个大于5的奇数是三个素数之和。欧拉认真地思考了这个问题。

他首先逐个核对了一张长长的数字表：

6=2+2+2=3+3

7=2+2+3

8=2+3+3=3+5

9=3+3+3=2+7

10=2+3+5=5+5

11=5+3+3

12=5+5+2=5+7

…

99=89+7+3

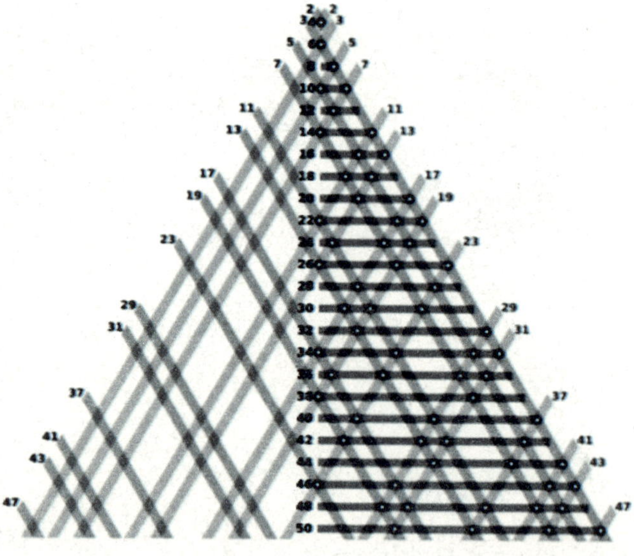

这张表可以无限延长，而每一次延长都使欧拉对肯定哥德巴赫的猜想增强了信心。而且，他发现证明这个问题实际上应该分成两部分，即证明所有大于2的偶数总能写成两个质数之和，所有大于7的奇数总能写成三个质数之和。

当最终坚信这一结论是真理的时候，欧拉就回信给哥德巴赫。信中说：任何大于2的偶数都是两个质数的和，虽然我还不能证明它，但我确信无疑这是完全正确的定理。

最终，人们把这两个命题归结为哥德巴赫猜想，即现在通行的、大致分为两个猜想：

（1）每个不小于6的偶数都可以表示为两个奇素数之和（二重哥德巴赫猜想、强哥德巴赫猜想、偶数哥德巴赫猜想）。

（2）每个不小于9的奇数都可以表示为三个奇素数之和（三重哥德巴赫猜想、弱哥德巴赫猜想、奇数哥德巴赫猜想）。

后者是前者的推论，若前者是对的，则后者也会是对的。1937年，苏联数学家维诺格拉多夫证明，充分大的奇质数都能写成三个质数的和，也称为哥德巴赫－维诺格拉多夫定理或三素数定理。因此，数学家认为弱哥德巴赫猜想已基本解决。

由于欧拉是颇负盛名的数学家、科学家，所以他的信心吸引并鼓舞了无数数学家试图证明这一猜想，但直到19世纪末也没有取得任何进展。这一看似简单实则困难无比的数论问题长期困扰着数学界。

实际上，早已有人对大量的数进行了验证，对偶数的验证已达到1.3亿个以上，还没有发现任何反例。那么，为什么还不能对这个问题下结论呢？这是因为自然数有无限多个，不论验证了多少个数，也不能说下一个数必然如此。

数学的严密和精确要求对任何一个定理都要给出科学的证明，所以哥德巴赫猜想几百年来一直未能变成定理，这也正是它以“猜想”身份闻名天下的原因。

在国际数学家大会第二次会议上，德国数学家希尔伯特提出了23个最重要的没有解决的数学问题，将其作为今后数学研究的主要方向，哥德巴赫猜想就是其中第8个问题中的一部分（另外还有黎曼猜想、孪生素数猜想）。21世纪已经到来，23道题中的大部分都被攻克了，只有第8题，也是最难的一题，包括哥德巴赫猜想，至今没有被攻克，因此有人把它比作“数学皇冠上的一颗明珠”。

三、哥德巴赫猜想的证明

在历史上，对哥德巴赫猜想的证明是前仆后继的。

1920年，在数学家们都对哥德巴赫猜想无处着手时，挪威数学家布朗改进了古老的筛法，提出了一个与猜想相近的改进性假设命题：一个充分大的偶数是一个不超过a个素数的乘积与一个不超过b个素数的乘积之和。他自己证明了9个素数乘积加上9个素数乘积之和，简称"9+9"。布朗与众多数学家希望在逐渐缩小素数个数后，最终能够证明到"1+1"，即哥德巴赫猜想。从此，数学家们用这个新途径来证明布朗的假设命题。

1920年，挪威的布朗证明了"9+9"。

1924年，德国的拉德马赫尔证明了"7+7"。

1932年，英国数学家证明了"6+6"。

1937年，意大利的蕾西先后证明了"5+7""4+9""3+15"等。

1938年，苏联的布赫夕太勃证明了"5+5"。

1940年，苏联的布赫夕太勃证明了"4+4"。

1948年，匈牙利的瑞尼证明了"1+c"，其中c是一个很大的自然数。

1956年，中国的王元证明了"3+4"。

1957年，中国的王元先后证明了"3+3"和"2+3"。

1962年，中国的潘承洞和苏联的巴尔巴恩证明了"1+5"，中国的王元证明了"1+4"。

1965年，苏联的布赫夕太勃和维诺格拉多夫及意大利的朋比利证明了"1+3"。

1966年，中国的陈景润证明了"1+2"。

陈景润的证明震惊中外，被誉为"推动了群山"，并被命名为"陈氏定理"。他证明了如下的结论：任何一个充分大的偶数，都可以表示成两个数之和，其中一个数是质数，另一个数或者是质数，或者是两个质数的乘积。

现在的证明距离最后的结果就差一步了，而这一步却无比艰难。50多年过去了，数学家们还没有能迈出这一步。许多人认为，要证明"1+1"，以往的路走不通了，必须创造新的方法。

四、研究的意义

哥德巴赫猜想为什么会吸引人？一件事之所以会吸引人，肯定具有某种特质。哥德巴赫猜想以一种表面简洁的形式掩盖着晦涩的本质，笼罩着一种强烈的朦胧气氛。它以喜剧的方式吸引人们开场，却无一例外以悲剧的形式谢幕。它营造了一种意境，挑起人们的欲望和野心，让那些以为有点才能的人劳苦、烦恼和愤怒。它恣意横行于人类精神的海洋中，让科研的“泰坦尼克”号一次又一次沉没。

当“陈氏定理”公之于众的时候，许多数学业余爱好者也跃跃欲试，想要摘取“皇冠上的明珠”。然而科学不是儿戏，不存在任何捷径。只有那些有深厚的科学功底，在崎岖小路的攀登中不畏劳苦的人，才有希望达到光辉的顶点。

哥德巴赫猜想，这颗明珠还在闪闪发光地向数学家们招手，希望数学家们能够早一天采摘到它。

第四节　四色猜想（四色定理）

四色问题是冰山一角、楔之尖端。

——W.T.塔特

W.T.塔特，加拿大著名数学家、现代图论奠基人之一。

一个国王的遗嘱

古时候，一个国王有5个儿子，这5个儿子长大以后都有了一定的本领。国王又喜又忧，喜的是王子们有宏图大志，又有才能；忧的是只有一个国家，一旦处理不好，王子们会互相残杀。

于是，国王在临终前立下遗嘱，同意王子们分割国土，各自立国。不过，国王还提出一个附加条件，那就是每个小国必须与其他四国有一段共同的国境，否则就不能分！

王子们按照国王的遗嘱，开始分割国土。可是，他们万万没有想到，有共同的边境这一点无论如何也做不到。他们绞尽了脑汁，分了几个星期，还是分不出来。到底怎么解决这个问题呢？他们只好去请教最有学问的大臣。

这个大臣左分右分，总会有两块国土没有共同的边界。他是一个非常聪明的人，知道国王一定是故意为难王子们。于是，这位大臣苦思良久，告诉王子们国王的贴身侍卫一定能给出答案。

果然，这位侍卫从衣兜里拿出一个锦囊，这是国王生前说好要在王子们有困难时打开的。锦囊中有一封信，是国王写给王子们的。

亲爱的儿子们：

我的遗嘱是永远无法执行的，为的是使你们亲密团结，共同治理好这个国家。

王子们读完父亲的信，再也没有提划分国家的事，凡事以国家大局为重，共同把国家治理得很好。

不过，这道解不开的难题却流传下来，成为数学中的一道名题。它还有另外一种叙述方式：在一幅正规地图中，凡是有共同边界线的国家，都可以最多只用四种颜色着色，就能够把这些国家区别开来。这就是四色猜想。

许多优秀的数学家为证明四色猜想耗费了大量心血，有的甚至花费了一生的精力。而且，一些著名科学家的证明也不断被推翻，反反复复。最后，三台计算机用了120小时，把四色猜想变成了四色定理。

一、四色猜想的来历

四色猜想，又称四色问题、四色定理，是世界三大数学猜想之一。

1852年，毕业于伦敦大学的格斯里来到一家科研单位搞地图着色工作。在工作中，他发现每幅地图都可以只用四种颜色着色。这个现象能不能从数学方面加以严格证明呢？他和弟弟决心试一试。但是演算稿纸堆了一大叠，研究工作却没有任何进展。

1852年10月，他的弟弟就这个问题的证明请教了自己的老师、著名数学家德·摩根。德·摩根也没能找到解决这个问题的途径，于是写信向自己的好友、著名数学家哈密顿请教。哈密顿为此努力了13年，直到逝世为止也没有能够解决问题。

1872年，英国当时最著名的数学家凯利正式向伦敦数学会提出了这个问题。1879年，他又向英国皇家地理学会提交了一篇关于地图染色问题的短文，指出了解决四色问题的困难所在。于是，四色猜想成了全世界关注的问题，许多一流数学家纷纷参加了证明四色猜想的大会战。

二、不可小看的四色猜想

这个貌似简单的问题却难倒了无数数学家，其间有不少人声称解决了这一猜想，但都很快被发现其证明是错误的。

19世纪末，德国有位天才的数学教授，名叫闵可夫斯基。一天，闵可夫斯基刚走进教室，一名学生就递给他一张纸条，上面写着："如果把地图上有共同边界的国家涂成不同颜色，那么只需要四种颜色就足够了，您能解释其中的道理吗？"闵可夫斯基微微一笑，对学生们说："这个问题叫四色问题，是一个著名的数学难题。其实，它之所以一直没有得到解决，仅仅是由于没有第一流的数学家来解决它。"为了证明纸条上写的不是一道"大餐"，只是"小菜一碟"，闵可夫斯基决定"当堂掌勺"，把问题变成定理……结果，下课铃响了，可"菜"还是生的。过去了好几天，他还是没能解答这个问题。后来有一天，闵可夫斯基走进教室时，忽然雷声大作，他借此自嘲道："上帝在责备我狂妄自大呢，我解决不了这个问题。"

三、肯普的研究

1878年到1880年间，著名的律师兼数学家肯普和泰勒分别提交了证明四色猜想的论文，宣布证明了四色猜想。

当时，大家都认为四色猜想从此也就被解决了，但其实肯普并没有证明四色问题。1890年，在牛津大学就读的年仅29岁的赫伍德以自己的精确计算指出了肯普在证明上的漏洞。不久，泰勒的证明也被否定了。人们发现，他们实际上证明了一个较弱的命题——五色定理，就是说用五种颜色对地图着色就够了。不过，郝伍德没有彻底否定肯普的证明，并运用肯普发明的方法证明了较弱的五色定理。

肯普是用归谬法来证明四色猜想的，大意是如果有一幅正规的五色地图，就会存在一幅国数最少的极小正规五色地图，如果极小正规五色地图中有一个国家的邻国数少于六个，就会存在一幅国数较少的正规地图仍为五色的，这样一来就不会有极小五色地图的国数，也就不存在正规五色地图了。这样，肯普就认为他已经证明了四色猜想，虽然后来被发现是错的，不过肯普的证明阐明了两个重要的概念，为以后问题的解决提供了途径。

第一个概念是构形。他证明了在每一幅正规地图中至少有一国具有两个、三个、四个或五个邻国，不存在每个国家都有六个或更多个邻国的正规地图，也就是说，由两个邻国、三个邻国、四个邻国或五个邻国组成的一组“构形”是不可避免的，每幅地图至少含有这四种构形中的一个。

第二个概念是可约。“可约”这个词的使用来自肯普的论证。他证明了只要五色地图中有一国具有四个邻国，就会有国数减少的五色地图。

引入构形、可约概念后，逐步发展了检查构形以决定是否可约的一些标准方法，能够寻求可约构形的不可避免组，是证明四色猜想的重要依据。但要证明大的构形可约，需要检查大量的细节，这是相当复杂的。

四、缓慢的进展

越来越多的数学家为了证明四色猜想而绞尽脑汁，但一无所获。于是，人们开始认识到，这个貌似容易的题目其实是一个可与曾经的费马猜想相媲美的难题。

进入20世纪以来，数学家们对四色猜想的证明基本上是按照肯普的思路在进行。

1913年，美国著名数学家、哈佛大学的伯克霍夫利用肯普的想法，结合自己新的设想，证明了某些大的构形可约。

后来，美国数学家富兰克林于1939年证明了22国以下的地图都可以用四色着色。

1950年，有人从22国推进到35国。

1960年，有人又证明了39国以下的地图可以只用四种颜色着色，随后又推进到了50国。

五、计算机的证明

要解决四色猜想，难就难在需进行大约200亿次的逻辑判断，而一个人即使每秒进行一次逻辑判断，也要工作将近700年才能完成这些判断，如果没有新的理论突破，单靠一个人的力量是不可能解决这一问题的。

肯普的思想加上计算机，给四色猜想的解决带来了曙光。

1976年，美国数学家阿佩尔与哈肯在伊利诺伊大学的两台不同的计算机上，历时1200个小时，进行了上百亿个判断，最终证明了四色猜想。这是100多年来吸引许多数学家与数学爱好者的大事，当两位数学家将他们的研究成果发表的时候，当地邮局在当天发出的所有邮件上都加盖了“四色足够”的特制邮戳以示庆祝。

人类第一次运用计算机证明著名数学猜想，应该说是十分轰动的。赞赏者有之，怀疑者也不少，因为其正确性一时不能肯定。后来，也的确有人指出这其中存在错误。1989年，阿佩尔与哈肯发表文章，宣称错误已被修改。随后，有人简化了阿佩尔与哈肯的计算程序，但仍依赖计算机。

证明并未止步，不少数学家并不满足于计算机取得的成就，他们认为应该有一种简捷明快的书面证明方法。直到现在，仍有不少数学家在寻找更简洁的证明方法。

第五节　希尔伯特的23个数学问题

不要杀掉这只经常为我们生出金蛋的母鸡。

——希尔伯特

希尔伯特，德国数学家，是19世纪和20世纪初最具影响力的数学家之一。

希尔伯特出生于东普鲁士的哥尼斯堡（现今俄罗斯加里宁格勒）。

中学时代，希尔伯特就是一名勤奋好学的学生，对于科学特别是数学表现出浓厚的兴趣。1880年，他不顾父亲让他学法律的意愿，进入哥尼斯堡大学攻读数学。1884年，他获得博士学位，后来又在这所大学里取得讲师资格并升任教授。1895年，希尔伯特转入哥廷根大学任教授，此后一直在哥廷根生活和工作。在此期间，他成为柏林科学院通讯院士，并曾获得施泰纳奖、罗巴切夫斯基奖、米塔格－莱福勒奖。1942年，他成为柏林科学院荣誉院士。

希尔伯特是一位正直的数学家。第一次世界大战前夕，他拒绝在德国政府为进行欺骗宣传而发表的《告文明世界书》上签字。战争期间，他敢于公开发表文章悼念"敌人的数学家"达布。希特勒上台后，他抵制并上书反对纳粹政府排斥和迫害犹太科学家的政策。

希尔伯特是对20世纪数学有深刻影响的数学家之一，领导了著名的哥廷根学派，使哥廷根大学成为当时世界数学研究的重要中心，并培养了一批对现代数学发展有重大贡献的杰出数学家。

1900年，希尔伯特应邀参加在巴黎举行的国际数学家大会，并在会上发表了重要演讲。在这具有历史意义的演讲中，他提出许多重要的思想："正如人类的每项事业都追求着确定的目标一样，数学研究也需要自己的问题。正是通过这些问题的解决，研究者锻炼其钢铁意志，发现新方法和新观点，达到更为广阔和自由的境界。"

希尔伯特特别强调重大问题在数学发展中的作用，指出："如果我们想对将来的数学知识可能的发展有一个概念，那就必须回顾一下当今科学提出的、期望在将来能够解决的问题。"同时他又指出："某类问题对于一般数学进程的深远意义以及它们在研究者个人的工作中所起的重要作用是不可否认的。只要一门科学分支能提出大量的问题，它就充满着生命力；而问题缺乏则预示着独立发展的衰亡或中止。"

他阐述了重大问题所应具有的三个特征：清晰性和易懂性；虽困难但又给人以希望；意义深远。同时，他分析了研究数学问题时常会遇到的困难及克服困难的一些方法。他根据过去特别是19世纪数学研究的成果和发展趋势，提出了23个最重要的数学问题。这23个问题通常被称为希尔伯特问题，后来成为许多数学家力图攻克的难关，对现代数学的研究和发展产生了深刻的影响，并起了积极的推动作用。

希尔伯特的23个问题分属四大部分：第1个到第6个问题是数学基础问题；第7个到第12个问题是数论问题；第13个到第18个问题属于代数和几何问题；第19个到第23个问题属于数学分析问题。在问题提出后的半个世纪中，全世界一流的数学头脑都围着它们转。其情形正如一位非常著名的数学家赫尔曼·外尔所说："希尔伯特吹响了他的魔笛，成群的老鼠纷纷跟着他跃进了那条河。"这也难怪，希尔伯特所提出的问题都是那么清晰、那么易懂，其中一些有趣得令许多外行都跃跃欲试，而且解决其中任意一个，或者在任意一个问题上有重大突破，立即就能名满天下。

数学领域中的问题是极多的，究竟哪些更重要、更基本？作出这样的选择需要敏锐的洞察力。为什么希尔伯特能如此目光如炬？数学史家袁向东认为，这是因为希尔伯特是"数学王国中的亚历山大"！

数学家可分为两类，一类擅长解决数学中的难题，另一类擅长对现有状况进行理论总结，两大类中又均可细分为一流、二流、三流。希尔伯特两者兼长，几乎走遍了现代数学的所有前沿阵地，在多个差异很大的数学分支中都留下了显赫的名声，对数学发展的大背景了如指掌，对他自己所提及的许多问题都有深入的研究，是数学领域中的“王”。

为什么希尔伯特要在大会上总结数学的基本问题，而不按常规那样宣讲自己的某项成果？这和另一位数学巨匠庞加莱有关。庞加莱在1897年举行的第一届国际数学家大会上宣读的是应用数学方面的报告。他们两人是当时国际数学界的双子星座，均为领袖级人物，当然也存在一定的竞争心理，既然庞加莱讲述的是自己对物理、数学关系的一般看法，那么希尔伯特就为纯粹数学进行一些辩护。

庞加莱是法国人，希尔伯特是德国人，法德两国之间有解不开的恩怨情仇，所以他们之间的竞争还带上了一种国与国竞争的味道。他们两人非常尊重对方，所以这一点在他们身上体现得不明显，但他们的学生和老师常常这样看。

希尔伯特的老师克莱因就是一个民族感非常强的人，他非常强调德意志数学的发展，国际数学界以前是圆形，圆心为巴黎，现在他想让自己所在的哥廷根也成为世界数学的中心，使数学世界变成有两个焦点的椭圆。

在希尔伯特及其亲密朋友闵可夫斯基的帮助下，克莱因实现了自己的目标：1900年时，希尔伯特就已经和法国最伟大的数学家庞加莱齐名，而克莱因本人和马上就要来到哥廷根的闵可夫斯基也是极有影响力的数学家。事实上，他们在德国号称“无敌三教授”。

1912年，庞加莱逝世。世界数学的中心进一步向哥廷根偏移，数学界似乎又变成了一个圆，不过圆心换成了哥廷根。此时，哥廷根学派的名声如日中天，在喜欢数学的青年中流行的口号是“打起你的铺盖，到哥廷根去！”

一个世纪过去了，希尔伯特所列的那23个问题约有一半已经被解决，其余一半的大多数也都有重大进展。但希尔伯特本人没有解决其中任何一个问题。

有人问，为什么他不去解决自己所提的问题。希尔伯特的回答很幽默：“不要杀掉这只经常为我们生出金蛋的母鸡。”当时，德国一位企业家建了一个基金会，以奖励第一个解决费马猜想的人，希尔伯特时任该基金会的主席，每年都利用该项基金的利息邀请优秀学者去哥廷根大学讲学。

在列出23个问题之前，希尔伯特已经是国际数学界公认的领军人物，已经在数学的诸多领域取得多项重要成果。他的公理化主张、形式主义构想、《几何基础》一书等，都对20世纪数学的发展有着深远的影响。

现把23个问题罗列如下，有兴趣的读者可以做进一步研究。

（1）康托尔的连续统基数问题。

（2）算术公理系统的无矛盾性。

（3）只根据合同公理证明等底等高的两个四面体有相等之体积是不可能的。

（4）两点之间以直线为距离最短线问题。

（5）拓扑学成为李群的条件（拓扑群）。

（6）对数学起重要作用的物理学的公理化。

（7）某些数的超越性的证明。

（8）素数分布问题，尤其是黎曼猜想、哥德巴赫猜想和孪生素数问题。

（9）一般互反律在任意数域中的证明。

（10）能否通过有限步骤来判定不定方程是否存在有理整数解。

（11）一般代数数域内的二次型论。

（12）类域的构成问题。

（13）一般七次代数方程以二变量连续函数之组合求解的不可能性。

（14）某些完备函数系的有限性的证明。

（15）建立代数几何学的基础。

（16）代数曲线和曲面的拓扑研究。

（17）正定形式的平方和表示。

（18）用全等多面体构造空间。

（19）正则变分问题的解是否总是解析函数。

（20）一般边值问题。

（21）具有指定单值群的线性微分方程解的存在性证明。

（22）用自守函数将解析函数单值化。

（23）发展变分学方法的研究。

第六节　千禧年七大数学难题

在数学领域中，提出问题的艺术比解答问题的艺术更为重要。

——康托尔

康托尔，德国数学家，集合论的创始人。

回首20世纪数学的发展，数学家们深切感谢20世纪最伟大的数学大师希尔伯特。在1900年于巴黎召开的第二届世界数学家大会上的著名演讲中，希尔伯特提出了23个数学问题。这些问题在过去的百年中激发了数学家的智慧，指引了数学前进的方向，对数学发展的影响和推动是巨大的，是无法估量的。

数学发展到今天，已成为极为庞大的领域，有十几个二级学科、一百多个三级学科，以及成千上万的分支。每一个学科和分支都有大量的未解决的难题，写在文献中的数论难题有上万个，群论方面的难题有上千个，各学科的重要猜想也不下几百个。效法希尔伯特，许多当代著名的数学家都整理并提出了新的数学难题，希冀能为新世纪数学的发展指明方向。这些数学家的知名度是高的，但他们的这项行动并没有引起全世界的共同关注。原因是多方面的，而主要原因是一位天才的数学家在其中一个领域有所成就已实属不易，更不要说像希尔伯特那样对数学的重要领域都有独到的见解。

2000年初，美国克雷数学研究所的科学顾问委员会选定了7个“千年大奖问题”，克雷数学研究所的董事会决定建立700万美元的大奖基金，每个“千年大奖问题”的解决者都可获得百万美元的奖励。克雷数学研究所“千年大奖问题”的选定，其目的不是指明新世纪数学发展的新方向，而是集中在对数学发展具有中心意义、数学家们梦寐以求而期待解决的重大难题上。

这7个“千年大奖问题”是NP完全问题、霍奇猜想、庞加莱猜想、黎曼假设、杨-米尔斯理论、纳维-斯托克斯方程、BSD猜想。

自公布以来，认识和研究“千年大奖问题”已成为世界数学界的热点。可以预期，“千年大奖问题”将会改变新世纪数学发展的历史进程。

一、NP完全问题

此问题与哲学上什么是可知的、什么是不可知的问题密切相关。

设想在一个周六的晚上，你参加了一个盛大的晚会。由于感到局促不安，你想知道这个大厅中是否有你已经认识的人。主人告诉你，你一定认识那位正在甜点盘附近的女士罗丝。只用1秒钟，你就能向那里扫视，并且发现主人是正确的。然而，如果没有这样的暗示，你就必须环顾整个大厅，审视每一个人，看是否有你认识的人。生成一个问题解通常比验证一个给定的解要花费多得多的时间。

与此类似的是，如果某人告诉你，数13717421可以写成两个较小的数的乘积，你可能不知道是否应该相信他，但是如果他告诉你可以分解为3607乘3803，那么你就可以很容易地用一个袖珍计算器来验证这是对的。

不管我们编写的程序是否灵巧，一个答案是可以很快利用内部知识来验证的，要是没有这样的提示，就需要花费大量的时间来求解，这被看作逻辑学和计算机科学中最突出的问题之一，是由斯蒂文·考克于1971年提出的。

二、霍奇猜想

此猜想是关于流形的。20世纪的数学家们发现了研究复杂对象形状的强有力的办法。基本方法是，问在怎样的程度上，我们可以把给定对象的形状通过把维数不断增加的简单几何营造块粘合在一起来形成。这种技巧是如此有用，使得它可以用许多不同的方式来推广，使数学家在对研究中所遇到的形形色色的对象进行分类时取得巨大的进展。不幸的是，在这一推广中，程序的几何出发点变得模糊起来。在某种意义下，必须加上某些没有任何几何解释的部件。于是，霍奇猜想断言，对于所谓射影代数簇这种特别完美的空间类型来说，称作霍奇闭链的部件实际上是称作代数闭链的几何部件的（有理线性）组合。

三、庞加莱猜想

对于围绕在一个苹果表面的橡皮带，我们可以既不扯断它，也不让它离开表面，使它慢慢移动并收缩为一个点。我们如果想象同样的橡皮带以适当的方向被围绕在一个轮胎面上，那么不扯断橡皮带或者轮胎面，是没有办法把它收缩到一点的。我们说，苹果表面是单连通的，而轮胎面不是。大约在100年以前，庞加莱已经知道，二维球面本质上可由单连通性来刻画，提出了三维球面（四维空间中与原点有单位距离的点的全体）的对应问题。这个问题对于当时而言是无比困难的，但现已被解决。

四、黎曼假设

此假设与素数有关，素数在纯数学及其应用中都起着重要作用。在所有自然数中，这种素数的分布并不遵循任何有规则的模式。然而，德国数学家黎曼观察到，素数的频率与一个精心构造的所谓黎曼函数的性态紧密相关。于是，黎曼提出一个假设，方程$z(s)=0$的所有有意义的解都在一条直线上。证明它对于每一个有意义的解都成立，将为解开围绕素数分布的许多奥秘带来光明。

五、杨–米尔斯场的存在性和质量缺口

此问题起源于物理学中的杨–米尔斯理论。大约半个世纪以前，杨振宁和米尔斯发现，量子物理揭示了基本粒子物理与几何对象之间的数学关系。基于杨–米尔斯方程的预言已经在斯坦福、欧洲粒子物理研究所等地进行的高能实验中得到证实。这一问题的解决，需要在物理和数学两方面引进根本上的新观念。

六、纳维–斯托克斯方程的存在性与光滑性

起伏的波浪跟随着正在湖中行驶的小船，湍急的气流跟随着正在飞行的现代喷气式飞机。数学家和物理学家深信，无论是湍流还是微风，都可以通过理解纳维–斯托克斯方程的解来对它们进行解释和预言。虽然这些方程是在19世纪被写下的，但至今我们对它们的理解仍然极少。挑战在于，数学理论方面要有实质性的进展，才能使我们解开隐藏在纳维–斯托克斯方程中的奥秘。

七、BSD猜想

数学家总是被诸如$x^2+y^2=z^2$那样的代数方程的所有整数解的刻画问题所着迷。欧几里得曾经对这一方程给出完全的解答，但是对于更为复杂的方程，这就变得极为困难了。事实上，希尔伯特的第10个问题是不可解的，即不存在一般的方法来确定这样的方程是否有一个整数解。当解是一个阿贝尔簇的点时，BSD猜想认为，有理点的群的大小与函数$z(s)$在点$s=1$附近的性态有关。特别是，这个有趣的猜想认为，如果$z(1)$等于0，那么存在无限多个有理点（解），相反，如果$z(1)$不等于0，那么只存在有限多个这样的点。

第六章 远古走来
——中国数学

中国文明是古老的农耕文明，其持续发展两千余年之久。中国文明十分注重社会事务的管理，关心人和自然的和谐，以儒家思想为维系文明持续发展的重要思想基础，这就决定了中国数学的特点。

以算法为中心。中国数学不脱离社会生活与生产的实际，以解决实际问题为目标，因而数学研究是围绕建立算法与提高计算技术而展开的。

具有较强的社会性。中国传统数学文化中，数学是儒家培养人的道德与技能的基本知识——六艺之一，作用在于“通神明、顺性命、经世务、类万物”，所以中国传统数学总是被打上中国哲学与古代学术思想的烙印，往往与术数交织在一起。同时，数学教育与研究往往被政府控制，因此历代数学家往往是政府的天文官员。

寓理于算，理论高度概括。中国数学家习惯于把数学概念与方法建立在少数几个不证自明、形象直观的数学原理之上，如代数中的“率”的理论，平面几何中的“出入相补”原理，立体几何中的“阳马术”、曲面体理论中的“截面原理”（或称刘祖原理，即卡瓦列利原理）等。

在世界数学文化传统中，以欧几里得《几何原本》为代表的希腊数学无疑是西方演绎数学传统的基础，而以《九章算术》为代表的中国数学无疑是东方算法化数学传统的基础，它们东西辉映，共同促进了世界数学文化的发展。

第一节　萌芽时期

我国传统数学有着它自己的体系与形式，有着它自己的发展途径与独创的思想体系。

——吴文俊

吴文俊，我国著名数学家，中国科学院院士。

我们的先民在从野蛮走向文明的漫长历程中，逐渐认识了数与形的概念。出土的新石器时期的陶器大多为圆形或其他规则形状，大部分陶器上有各种几何图案，通常还有三个着地点，这些都是几何知识的萌芽。先秦典籍中有“隶首作数”“结绳记事”“刻木记事”的记载，说明人们从辨别事物的多寡中逐渐认识了数，并创造了计数的符号。殷商甲骨文中已有13个计数单字，最大的数是“三万”，最小的是“一”。这其中已经蕴含十进制的萌芽。

算筹是中国古代的计算工具，利用算筹进行计算的计算方法被称为筹算。算筹的产生年代已不可考究，但可以肯定的是，筹算在春秋时期已经很普遍。表示一个多位数字时，采用十进制，各位值的数目从左到右排列，纵横相间，并以空位表示零。算筹为加、减、乘、除等运算建立了良好的条件。

筹算直到15世纪末才逐渐为珠算所取代，中国古代数学就是在筹算的基础上取得其辉煌成就的。

在几何学方面，传说伏羲创造了画圆的“规”、画方的“矩”，也传说黄帝臣子倕是“规矩”和“准绳”的创始人。早在大禹治水时，禹便“左准绳”（左手拿着准绳），“右规矩”（右手拿着规矩）。因此，我们可以说，“规矩”“准绳”是我们祖先最早使用的数学工具。并且，我们的祖先已发现勾股定理的特例——“勾三股四弦五”。

春秋时期，随着生产力的提高，中国开始了由奴隶制向封建制的过渡。新的生产关系促进了科学技术的发展与进步。此时，王权衰微，精通天文和算学的畴人四散，私学开始出现。最晚在春秋末年，人们已经掌握了完备的十进制计数法，普遍使用算筹，谙熟九九乘法表、整数四则运算，并认识和使用了分数。

战国时期，各诸侯国相继完成了向封建制度的过渡。诸子林立，百家争鸣，为数学的发展创造了良好的条件，一些学派还总结和概括出许多与数学有关的抽象概念。《墨经》中就有关于某些几何名词的定义和命题，例如，“圆，一中同长也”，“平，同高也”等。墨家还给出有穷和无穷的定义。《庄子》一书记载了惠施等人的学说，以及桓团、公孙龙等辩者提出的论题，体现了抽象的数学思想，例如，“至大无外，谓之大一；至小无内，谓之小一”，“一尺之棰，日取其半，万世不竭”等。《考工记》汇总了当时手工业技术的规范，包含了一些测量的内容，并涉及了如角的概念等几何知识。

此外，《易经》已经出现了组合数学的萌芽，并反映出二进制的思想。

尽管没有先秦时期的数学著作留传到后世，但是当时的人们通过田地及国土面积的测量、粟米的交换、收获及战利品的分配、城池的修建、水利工程的设计、赋税的合理负担、产量的计算等生产生活实践，积累了大量的数学知识。据记载，当时的数学知识分为方田、粟米、差分、少广、商功、均输、方程、赢不足、旁要九个部分，称为“九数”。这为后来的数学巨著《九章算术》确立了基本框架。相传西周初年，数学成为贵族子弟教育中六门必修课程——六艺之一。不过，这一时期数学的发展是相当缓慢的。

第二节 初创时期

事类相推，各有攸归，故枝条虽分而同本干者，知发其一端而已。又所析理以辞，解体用图，庶亦约而能周，通而不黩，览之者思过半矣。

——刘徽

刘徽，我国古代杰出的数学家，我国古典数学理论的奠基者之一。

这一时期有1000多年，所经历的朝代依次为秦、汉、魏、晋、南北朝、隋、唐。

一、秦汉时期

秦汉时期是中国古代数学体系的形成时期。

秦始皇结束了列国纷争，首次建立了中央集权的封建帝国，本应有利于数学的发展，但他的专制政策窒息了百家争鸣的学术空气。之后，刘邦统一了中国，建立了汉朝，史称西汉。西汉政府与民生息，社会生产力得到恢复和发展，给数学和科学技术的发展带来新的活力。

在这一时期，有两本著名的数学著作成书。

一本是《周髀算经》，是一部以数学方法阐述“盖天说”的天文著作，一般认为其成书于公元前1世纪。书中记载了商高答周公问与陈子答荣方问的内容。《周髀算经》在数学方面的成就主要有两项：一是提出勾股定理的特例及普遍形式；二是提出测太阳高、远的陈子测日法，为后来重差术的先驱。此外，还有较复杂的开方问题和分数运算等。

一本是集先秦到西汉数学知识之大成的《九章算术》，这是一部经几代人整理、删补和修订而成的古代数学经典著作，约成书于东汉初年。在先秦九数的基础上，西汉时期发展出勾股、重差两类数学方法。刘徽认为，《九章算术》是由九数发展而来的，由于秦朝焚书而散坏。西汉的张苍、耿寿昌收集秦火遗残，加以整理删补，便成为《九章算术》。

《九章算术》一书以问题集的形式编写，共收集了246个问题及其解法，分属于方田、粟米、衰分、少广、商功、均输、盈不足、方程和勾股九章。其中，方田章提出了完整的分数运算法则，各种多边形、圆形、弓形等的面积公式；粟米章提出了比例算法；衰分章提出了比例分配法则；少广章给出了完整的开平方、开立方程序；商功章讨论了各种立体体积公式及工程分配方法；均输章解决了赋役中的合理负担，也就是比例分配问题，还有若干结合西汉社会实际的算术杂题；盈不足章解决了盈亏问题，以及可以用盈不足术解决的一般算术问题；方程章主要是线性方程组的解法，并给出了正负数加减法则；勾股章由旁要发展而成，提出了勾股定理、解勾股形及若干测望问题的方法。

《九章算术》的框架、形式、风格和特点深刻影响了中国数学和东方数学。就特点来说，它注重应用，注重理论联系实际，形成了以筹算为中心的数学体系。它的一些成就如十进制、今有术、盈不足术等，传到印度和阿拉伯地区，并通过这些国家传到欧洲，促进了世界数学的发展。

二、魏晋时期

魏晋时期，中国封建社会进入一个新的阶段。在思想文化领域，儒家的统治地位被削弱，代之以谈三玄——《周易》《老子》《庄子》为主的辩难之风，出现了战国时期的百家争鸣以来所未有过的生动局面。与此相适应的是，数学家重视理论研究，力图把自先秦到两汉积累起来的数学知识建立在必然的、可靠的基础之上。

刘徽是这一时期最杰出的数学家，他博览群书，谙熟诸子百家，并且受思想界析理的影响，不迷信古人，敢于创新，于是对《九章算术》“析理以辞，解体用图”，并对各种算法进行总结分析。他认为，数学像一株枝条虽分而同本干的大树，发自一端，形成了一个完整的理论体系。

刘徽的著作《九章算术注》是这个时代最杰出的数学著作。刘徽的《九章算术注》作于公元263年，原十卷。前九卷全面论证了《九章算术》的公式、解法，发展了出入相补原理、截面积原理、齐同原理和率的概念，在圆面积公式和锥体体积公式的证明中引入了无穷小分割和极限思想，首创了求圆周率的正确方法，指出并纠正了《九章算术》中某些不精确或错误的公式，探索出解决球体体积的正确途径，创造了解线性方程组的互乘相消法与方程新术，用十进分数逼近无理根的近似值等。第十卷原名重差，为刘徽自撰自注，发展并完善了重差理论。此卷后来变为单行本，因第一问为测望一海岛的高远，故名之曰《海岛算经》。他还著有《九章重差图》一卷，已佚。

大约与刘徽同时或稍前的赵爽，是中国古代对数学定理和公式进行证明的最早的数学家之一，对《周髀算经》做了详尽的注释。赵爽的《周髀算经注》，其可观者为“勾股圆方图”，用600余字概括了两汉以来勾股算术的成果。

三、南北朝时期

南北朝时期，虽然社会长期处于战争和分裂状态，但数学依然蓬勃发展。《孙子算经》《夏侯阳算经》《张丘建算经》就是这个时期的作品。祖冲之、祖暅父子的工作在这一时期最具代表性，他们将传统数学大大向前推进了一步，成为重视数学思维和数学推理的典范。

《孙子算经》三卷，常被误认为是春秋时期的军事家孙武所著，但实际上是公元400年前后的作品，作者不详。这是一部数学入门读物，给出了筹算计数制度及乘除法则等预备知识，其中，“河上荡杯”“鸡兔同笼”等问题后来在民间广泛流传，“物不知数”题则开一次同余式解法之先河。

张丘建所著的《张丘建算经》三卷，成书于公元5世纪下半叶。此书补充了等差级数的若干公式，其中的“百鸡问题”是著名的不定方程问题。

《缀术》一书彰显了祖冲之和祖暅的数学贡献，但其内容深奥，隋唐时期的算学馆学官（相当于今天大学数学系教授）读不懂，遂失传。据认为，将圆周率精确到八位有效数字、球体积的解决及含有负系数的二次、三次方程皆是其中的内容。

四、隋唐时期

隋朝大兴土木，客观上促进了数学的发展。唐初，王孝通撰《缉古算经》，主要讨论了土木工程中计算土方、工程的分工和验收、仓库和地窖的计算问题。

唐朝在数学教育方面有了长足的发展。公元656年，国子监设立算学馆，设有算学博士和助教，由太史令李淳风等人编纂注释《算经十书》（包括《周髀算经》《九章算术》《海岛算经》《孙子算经》《张丘建算经》《夏侯阳算经》《缉古算经》《五曹算经》《五经算术》和《缀术》），作为算学馆学生用的课本。

遗憾的是，伴随社会经济和政治文化的鼎盛，除刘焯创造间距内插公式和僧一行创造不等间距内插公式外，隋唐时期的数学几无新的创造，成就及理论水平远远低于魏晋南北朝。

第三节　全盛时期

（数学）大则可以通神明，顺性命；小则可以经世务，类万物。

——秦九韶

秦九韶，我国南宋时期数学家，与李冶、杨辉、朱世杰并称"宋元数学四大家"。

从公元11世纪到14世纪，也就是宋元时期，中国的筹算数学达到极盛，是中国古代数学空前繁荣、硕果累累的全盛时期。

宋秘书省于公元1084年首次刊刻了《九章算术》等十部算经（当时《夏侯阳算经》《缀术》已失传，因公元8世纪下半叶的韩延《算术》一书开头有"夏侯阳曰"云云而被误认为是《夏侯阳算经》而刻入，后者只好付之阙如），是世界上首次出现的印刷本数学著作。后来，南宋数学家鲍澣之翻刻了这些刻本，有《九章算术》（半部）、《周髀算经》、《孙子算经》、《五曹算经》、《张丘建算经》及《数术记遗》等孤本流传到现在，是目前世界上传世最早的印刷本数学著作。宋元数学家贾宪、李冶、杨辉、朱世杰的著作，大都在成书后不久即刊刻。数学著作借助印刷术得以空前广泛流传，加快了数学知识的传播和普及，意义深远。

随着商业贸易的蓬勃发展，人们改进筹算乘除法，新、旧《唐书》记载了大量这类书籍，可惜绝大多数失传，只有韩延的《算术》以《夏侯阳算经》的名义流传下来。该书提出了若干化乘除为加减的捷算法，并在运算中使用了十进小数。

贾宪的《黄帝九章算经细草》是北宋最重要的数学著作。贾宪曾任左班殿直，是当时著名天文学家、数学家楚衍的学生。他将《九章算术》未离开题设具体对象甚至数值的术文大都抽象成一般性术文，提高了《九章算术》的理论水平；对某些类型的数学问题进行概括，如提出开方作法本源，即贾宪三角，作为他提出的立成释锁（即开方）法的算表，这是开方问题的纲；提出了若干新的重要方法，其中最突出的是创造增乘开方法，并提出了开四次方的程序。贾宪的思想与方法对宋元数学影响极大，是宋元数学的主要推动者之一。

大科学家沈括对数学有独到的贡献，在《梦溪笔谈》中首创隙积术，开高阶等差级数求和问题之先河，又提出会圆术，首次提出求弓形弧长的近似公式。

北宋刘益撰《议古根源》，亦失传。杨辉在《田亩比类乘除捷法》中引用了它的若干题目与方法。刘益首先引入负系数方程，并创造了益积开方术与减从开方术求其正根，杨辉誉之为“实冠前古”。

公元13世纪中叶至14世纪初，是宋元数学高潮的集中体现，也是中国历史上留下重要数学著作最多的半个世纪，并形成了南宋统治下的长江中下游与金元统治下的太行山两侧两个数学中心。

南方中心以秦九韶、杨辉为代表，以高次方程数值解法、同余式解法及改进乘除捷算法的研究为主。北方中心则以李冶为代表，以列高次方程的天元术及其解法为主。朱世杰则集南北两个数学中心之大成，达到了中国筹算的最高水平。

秦九韶撰成《数书九章》十八卷。他天资聪明好学，对数学、天文、土木建筑、诗词、音律、弓马等都十分精通。他多次呼吁统治者施仁政，并把数学知识看成开源节流、施仁政、利国利民的有力工具。《数书九章》分大衍、天时、田域、测望、赋役、钱谷、营建、军旅、市易九类81题，其成就之大、题设之复杂都超过以往算经，有的问题有88个条件，有的答案多达180条。大衍总数术系统解决了一次同余式组解法；正负开方术把以增乘开方法为主导的求高次方程正根的方法发展到十分完备的程度，有的方程高达十次；线性方程组解法完全以互乘相消法取代直除法；提出了与海伦公式等价的三斜求积公式；使用了完整的十进小数表示法；等等。

杨辉共撰五部数学著作，传世的有四部。与其他大家相比，他的著作偏重于教育与普及。1261年，杨辉在刘徽注、李淳风等注释、贾宪细草的《九章算术》基础上作解题、比类，并补充了图、乘除、纂类三卷，是为《详解九章算法》，今图、乘除、方田、粟米、衰分上半部、商功之一部分已佚。商功章比类中的垛积术发展了沈括的隙积术；纂类则打破了《九章算术》的分类格局，按方法分成乘除、互换、合率、分率、衰分、叠积、盈不足、方程、勾股九类。1262年，杨辉又撰《日用算法》，着重于改进乘除捷算法，只有少量题目保存下来。1274年，杨辉撰《乘除通变本末》三卷。次年，杨辉编纂《田亩比类乘除捷法》、纂《续古摘奇算法》（二卷），对纵横图即幻方研究颇有贡献。这三部书又常合称为《杨辉算法》。

北方出现了许多天元术著作，大都失传，流传至今的最早的以天元术为主要方法的著作是李冶的《测圆海镜》和《益古演段》。《测圆海镜》考虑了勾股形与圆的10种基本关系，就15个勾股形与圆的关系提出了170个求圆径长的问题。卷一是全书的理论基础，包括圆城图式、识别杂记等部分。圆城图式以天、地、乾、坤等汉字表示点，是一个创举。识别杂记提出692条公式，除八条外都是正确的，集历代勾股形与圆的关系研究之大成。《益古演段》是一部用天元术阐释蒋周《益古集》的方程列法的著作，其中保存了《益古集》的若干题目和旧术（方法）。

朱世杰有两部重要著作《算学启蒙》和《四元玉鉴》传世。《算学启蒙》包括了从乘除及其捷算法到增乘开方法、天元术等当时数学各方面的内容，形成了一个较完整的体系。《四元玉鉴》创造了四元消法，解决了多元高次方程组问题、高阶等差级数求和问题、高次招差法问题，是中国古代水平最高的数学著作。

杨辉、朱世杰等人对筹算乘除捷算法的改进，导致了算盘与珠算的产生，完成了我国计算工具和计算技术的改革。

元中后期，又出现了《丁巨算法》《算法全能集》《详明算法》等改进乘除捷算法的著作。

总之，宋元时期是我国数学的一个大发展时期，也是我国数学的全盛时期，其中主要的成就有：高次方程数值解法；天元术与四元术，即高次方程的立法与解法，是中国数学史上首次引入符号，并用符号运算来解决建立高次方程的问题；大衍求一术，即一次同余式组的解法，现在称为中国剩余定理；招差术和垛积术，即高次内插法和高阶等差级数求和。另外，其他成就包括勾股形解法新的发展、解球面直角三角形的研究、纵横图（幻方）的研究、小数（十进分数）具体的应用、珠算的出现等。

第四节　西学输入时期

此书（几何原本）有四不必：不必疑，不必揣，不必试，不必改。有四不可得：欲脱之不可得，欲驳之不可得，欲减之不可得，欲前后更置之不可得。

——徐光启

徐光启，字子先，号玄扈，我国明末数学家、科学家、农学家、政治家、军事家。

从14世纪中叶明王朝建立到20世纪清代结束的500多年间，数学除珠算外出现全面衰弱的局面，其中涉及中算的局限、考试制度中已删减数学内容、大兴八股考试制度等复杂原因。

16世纪末，西方初等数学开始传入中国，使中国数学研究出现了一个中西融合贯通的局面。鸦片战争后，近代高等数学开始传入中国，中国数学转入一个以学习西方数学为主的时期。直到19世纪末，中国的近代数学研究才真正开始。

元中叶之后，中国数学就已急剧衰落，元末的几部著作只是对筹算捷算法有所改进。明永乐年间修《永乐大典》，将此前的中国数学著作按起源、各种数学方法及音义、纂类等分类抄录。汉唐宋元数学著作在明代大都散佚，清中叶修《四库全书》，中国古算书多赖此重新面世。

明代八股取士，思想禁锢严重，学者们很少留心数学。顾应祥、唐顺之是明代数学大家，据传已不懂天元术和增乘开方法。吴敬撰《九章算法比类大全》十卷，收集历代应用题，亦抛弃了增乘开方法和天元术。

元明之后，随着筹算捷算法的完备，珠算术产生并得到普及，明朝出现了一批有关珠算的著作，最有名的是程大位的《算法统宗》。此书适应商业发展的需要，以珠算为主要计算工具，并载有珠算开方法。此书在以后二三百年间被多次翻刻、改编，流传之广是罕见的。

16世纪末，西方传教士开始到中国活动，和中国学者合译了许多西方数学专著。其中，有重大影响的是意大利传教士利马窦和徐光启合译的《几何原本》前6卷。《几何原本》中绝大部分的名词都是首创，且沿用至今。介绍西方三角学的著作有邓玉函编译的《大测》《割圆八线表》和罗雅谷的《测量全义》。徐光启主持编译的《崇祯历书》介绍了有关圆锥曲线的数学知识。

清以后，汇通中西数学的杰出代表是梅文鼎。他坚信中国传统数学"必有精理"，对古代名著做了深入的研究，同时又能正确对待西方数学，使之在中国扎根，对清代中期数学研究的高潮是有积极影响的。梅文鼎著述甚多，其孙梅瑴成将他的著作编辑成《梅氏丛书辑要》60卷，其中数学著作40卷，内容遍及当时中国数学的各个门类。

康熙皇帝爱好数学，他御定由梅瑴成、何国宗、明安图、陈厚耀等编纂的《数理精蕴》53卷，全面系统地介绍了当时传入的西方数学知识。上编立纲明体，为数理本源、几何原本、算术原本等5卷；下编分条致用，为实用数学和借根方比例，以及对数、三角函数等40卷。

雍正帝即位后，认为传教士不利于自己的统治，除少数供职于钦天监者外，传教士被悉数赶到澳门。此后，西学的传入遂告一段落，中国数学家一方面消化此前传入的数学知识，一方面忙于整理中国古典数学著作。

1773年，乾隆帝决定修《四库全书》，戴震从《永乐大典》中辑出《周髀算经》《九章算术》《海岛算经》《孙子算经》《五曹算经》《五经算术》以及赝本《夏侯阳算经》等七部汉唐算经，并加校勘，《数书九章》《测圆海镜》《四元玉鉴》等久佚的宋元算书也陆续辑出或发现，从此掀起了乾嘉时期研究整理中国古典数学的热潮。古书注释以李潢的《九章算术细草图说》、罗士琳的《四元玉鉴细草》影响较大。而开创性的研究则以焦循的《里堂学算记》、汪莱的《衡斋算学》、李锐的《李氏算学遗书》最为有名。

18世纪初，法人杜德美传入牛顿、格雷果里创造的三个三角函数的级数展开式。后来，三角函数和对数函数展开式的研究成为中国数学家的重要课题，明安图、董祐诚、项名达、戴煦等都作出了杰出贡献。李善兰的《方圆阐幽》《弧矢启秘》《对数探源》在三角函数与对数函数的研究上取得了更大的成就。他创造的尖锥术提出了几个相当于定积分的公式，在接触西方微积分思想之前独立地接近了微积分学。

鸦片战争后，列强用大炮轰开了清朝闭关自守的大门，中国逐渐沦为半封建半殖民地社会，西方数学以前所未有的规模大量传入。

李善兰与英国传教士伟烈亚力合译《几何原本》后9卷、《代数学》13卷、《代微积拾级》18卷等许多西方数学著作，其中《代微积拾级》是中国第一部微积分学译著。后来，华衡芳与英人傅兰雅合译了《代数术》《微积溯源》《三角数理》《决疑数学》等书，其中《决疑数学》是中国第一部概率论译著。他们创造的许多术语至今还在使用。

李善兰融会中西，著述颇丰，《椭圆正术解》等是关于圆锥曲线的研究；《级数回求》等是关于幂级数的研究；《垛积比类》系统解决了高阶等差级数求和问题，并提出了著名的李善兰恒等式；《考数根法》证明了费马小定理，提出了素数判定法则。

然而，总的说来，时处清末，经济衰落，社会动荡，有志于现代数学的人没有与现代工程技术结合的条件，不可能有大量可观的成果，而士大夫阶层更多的人抱有西学为我中华所固有的偏见，不求甚解。此后不久，尤其是维新变法和新文化运动之后，中国古代数学传统基本中断。1905年，清政府废除科举制度，建立西方式学校教育，至此，中国数学研究纳入了统一的现代数学。

第五节　近现代数学发展时期

锦城虽乐，不如回故乡；乐园虽好，非久留之地。归去来兮。

——华罗庚

华罗庚，我国著名数学家。

中国近现代数学始于清末民初的留学活动。较早出国学习数学的人，有冯祖荀、郑之蕃、胡明复、赵元任、姜立夫、何鲁、陈建功、熊庆来、苏步青等，多数人回国后成为著名数学家和数学教育家，为中国近现代数学发展作出重要贡献。其中，胡明复取得美国哈佛大学博士学位，成为第一位获得博士学位的中国数学家。

随着留学人员的回国，各地大学的数学教育有了起色。最初只有北京大学于1912年成立时建立的数学系，后来，姜立夫在天津南开大学创建数学系，熊庆来分别在国立东南大学和清华大学建立数学系。之后，武汉大学、齐鲁大学、浙江大学、中山大学陆续设立了数学系。到1932年，各地已有32所大学设立了数学系或数理系。

1930年，熊庆来在清华大学首创数学研究部，开始招收研究生，陈省身、吴大任成为国内最早的数学研究生。

20世纪30年代出国学习数学的人有江泽涵、陈省身、华罗庚、许宝騄等，他们都成为中国现代数学发展的骨干力量。

同时，外国数学家也有来华讲学的，如英国的罗素，美国的伯克霍夫、奥斯古德、维纳，法国的阿达马等。

1935年，中国数学会成立大会在上海召开，共有33名代表出席。次年，《中国数学会学报》和《数学杂志》相继问世。这些标志着中国现代数学研究的进一步发展。

中华人民共和国成立之前，数学研究集中在纯数学领域。在分析学方面，有陈建功的三角级数论、熊庆来的亚纯函数与整函数论研究，另外还有泛函分析、变分法、微分方程与积分方程的成果。在数论与代数方面，华罗庚等人的解析数论、几何数论和代数数论以及近代代数研究取得了令世人瞩目的成果。在几何与拓扑学方面，苏步青的微分几何学、江泽涵的代数拓扑学、陈省身的纤维丛理论和示性类理论等研究做了开创性的工作。在概率论与数理统计方面，许宝騄在一元和多元分析方面得到许多基本定理及严密证明。此外，李俨和钱宝琮开创了中国数学史的研究，他们在古算史料的注释整理和考证分析方面做了许多奠基性的工作，使我国的民族文化遗产重放光彩。

中华人民共和国成立之后，数学研究取得长足进步。出版了华罗庚的《堆垒素数论》、苏步青的《射影曲线概论》、陈建功的《直角函数级数的和》和李俨的《中算史论丛》等专著。到1966年，共发表各种数学论文约2万余篇。除了在数论、代数、几何、拓扑、函数论、概率论与数理统计、数学史等学科继续取得新成果外，还在微分方程、计算技术、运筹学、数理逻辑与数学基础等分支有所突破，有许多论著达到世界先进水平，同时培养和成长起一大批优秀数学家。

20世纪60年代后期，中国的数学研究基本停止，教育瘫痪、人员丧失、对外交流中断，后经多方努力状况略有改变。1970年，《数学学报》恢复出版，并创刊《数学的实践与认识》。1973年，陈景润在《中国科学》上发表《大偶数表示为一个素数及一个不超过二个素数的乘积之和》的论文，在哥德巴赫猜想的研究中取得突出成就。此外，中国数学家在函数论、马尔可夫过程、概率应用、运筹学、优选法等方面也有一定创见。

1978年，中国数学会召开第三次代表大会，标志着中国数学的复苏。1978年，国家恢复全国数学竞赛。1985年，中国开始参加国际数学奥林匹克数学竞赛。1981年，陈景润等数学家获国家自然科学奖。1983年，国家首次授予18名中青年学者以博士学位，其中数学工作者占2/3。1986年，中国第一次派代表参加国际数学家大会，加入国际数学联合会，吴文俊应邀作了关于中国古代数学史的45分钟演讲。

第七章　巍峨高山
——数学大家

在数学发展的漫漫征程中，有数不清的伟大数学家，他们就像浩瀚天空中的星星。本章选取了这浩瀚星空中几颗最亮的星，进行简单介绍。首先介绍了在我国数学发展过程中作出重大贡献的数学家，我们要牢牢记住这些大名鼎鼎的数学家的名字，是他们让我国的古代数学遥遥领先于世界，是他们让西方数学传入我国，是他们让我国数学融入世界数学行列。其次又介绍了在西方数学发展过程中作出重大贡献的数学家等。

第一节　中国著名数学大家

一、中国几何之父——刘徽

刘徽，是中国数学史上一位伟大的数学家，也是公元3世纪中国最杰出的数学家。他撰写的《九章算术注》和《海岛算经》，是我国最宝贵的数学遗产，从而奠定了他在中国数学史上的不朽地位。

刘徽的主要数学贡献有：发展了传统的率概念和齐同原理，指出它们是"算之纲纪"；在世界数学史上首创极限思想和无穷小分割方法，并严格证明了《九章算术》提出的圆面积公式和自己提出的刘徽原理，将多面体体积理论建立在无穷小分割之上；在中国首创求圆周率的科学方法，奠定了中国圆周率近似值的计算领先于世界千余年的基础；以演绎逻辑为主，全面论证了《九章算术》的算法，奠定了中国传统数学的理论基础，建立了中国传统数学的理论体系。

二、圆周率之父——祖冲之

祖冲之在数学上的杰出成就是关于圆周率的计算。秦汉以前，人们以"径一周三"作为圆周率，这就是"古率"。后来，人们发现"古率"误差太大，圆周率应是"圆径一而周三有余"，不过究竟余多少，意见不一。

直到三国时期，刘徽提出了计算圆周率的科学方法——"割圆术"，用圆内接正多边形的周长来逼近圆周长。刘徽计算到圆内接96边形，求得π=3.14，并指出，内接正多边形的边数越多，所求得的π值越精确。

祖冲之在前人成就的基础上，经过刻苦钻研，反复演算，求出π在3.1415926与3.1415927之间。

祖冲之博览当时的名家经典，坚持实事求是，他从亲自测量计算的大量资料中对比分析，发现过去历法的严重误差，并勇于改进，在他33岁时编制了《大明历》，开辟了历法史的新纪元。

祖冲之还与他的儿子祖暅（也是我国著名的数学家）一起，用巧妙的方法解决了球体体积的计算。他们当时采用的一条原理是“幂势既同，则积不容异”，意即，位于两平行平面之间的两个立体，被任一平行于这两平面的平面所截，如果两个截面的面积恒相等，则这两个立体的体积相等。这一原理在西方被称为卡瓦列利原理，但这是在祖氏父子之后1000多年才由卡氏发现的。为了纪念祖氏父子发现这一原理的重大贡献，大家也称这原理为“祖暅原理”。

三、学贯东西——徐光启

徐光启，是我国明朝时期最优秀的科学家，也是一位热爱祖国的科学家。

他一生的成就是多方面的，在数学、天文、历法、农艺、生物等领域都称得上是专家。他从万历末年起，经过天启、崇祯各朝，曾做到文渊阁大学士的官职。他精通天文历法，是明末改历的主要主持人。他对农学也颇有研究，曾根据前人所著各种农书，附以自己的见解，编写了著名的《农政全书》，有60余卷，共60多万字。明朝末年，徐光启还曾屡次上书讨论军事，主张采用西方火炮。

徐光启在数学方面的成就主要有三个方面：一是论述了中国数学在明代落后的原因；二是论述了数学应用的广泛性；三是与意大利传教士利玛窦一起翻译了《几何原本》。

四、中国近代数学界的一代宗师——熊庆来

熊庆来，出生于云南省弥勒县息宰村，自幼便勤奋好学，其非凡的记忆力与天才的语言接受能力，令人惊叹不已。

1913年，他以优异成绩考取云南省教育司主持的留学比利时公费生，赴比利时学习采矿。第一次世界大战中，德军侵入了中立的比利时，熊庆来只好离开陷落的比利时，转经荷兰、英国，来到法国。由于战争，法国的矿业学校也关闭了，他便改学数学和物理学。留学期间，因国内政局动荡，有时不能如期收到国内汇款，熊庆来便节衣缩食，时刻"仅念祖国危亡，云南尤殆，要励志向学，勿浪掷分寸光阴，务以造就有用之学，回来报效祖国"。留学七载，熊庆来先后在巴黎大学等4所大学学习，取得了高等算学、高等数学分析、理论力学、理论天文学、高等普通物理学等证书，并获理科硕士学位。

1921年，熊庆来回国。同年秋天，东南大学聘请28岁的熊庆来为新设立的算学系（即数学系）教授兼系主任。当时，中国的近代数学刚开始萌芽。东南大学算学系专任教授仅有熊庆来一人，所有高深的教学课程都压到他一人身上。而且，还没有现成的讲义和教材可用，一切都得自己动手。就这样筚路蓝缕，熊庆来5年间讲授了十多门高深课程，编写了包括《球面三角》等十几种讲义。

1926年，清华大学聘请熊庆来参与筹办算学系。熊庆来负责建系规划，并担任讲授近代几何初步、微积分等课程。期间，熊庆来编写了五六种讲义、教材。其中，《高等算学分析》被商务印书馆收入第一批《大学丛书》，于1933年正式出版。

1932年，熊庆来赴瑞士苏黎世参加国际数学家大会。会后，他利用清华规定的五年一次的例假，另请假一年，在巴黎从事研究工作，并最终选择函数论作为专攻方向。这方面研究中，法国数学家波莱尔已在有穷级整函数值分析问题上取得完美的成果，但无穷级函数方面尚未有令人满意的结论。熊庆来对后者进行了系统而深

入的研究，最终对波莱尔有穷级整函数与有穷级亚纯函数理论作出推广。1934年，他的论文《关于无穷级整函数与亚纯函数》发表，并以此获得法国国家博士学位。这篇论文中熊庆来所定义的“无穷级函数”，国际上称为“熊氏无穷数”，被载入了世界数学史册。

1949年，熊庆来在巴黎参加联合国教科文组织的一次会议期间，不幸患脑溢血而致右半身瘫痪。但他并未向病魔屈服，以顽强的毅力用左手学会写字，艰难地投入数学研究工作。20世纪50年代，熊庆来在巴黎完成《关于亚纯函数及代数体函数，奈望利纳的一个定理的推广》一书，被收入法国出版的国际著名丛书《数学科学论文集》。在这段时间，熊庆来在科学研究上取得的另一个有影响的成就是，发展了在数学各方面起重要作用的正规族理论。

1957年，熊庆来在周恩来总理的亲切关怀下，毅然回到祖国，任中国科学院数学研究所研究员、学术委员、函数论研究室主任，以及全国政协委员。在其后的七八年间，他又发表了近20篇高水平的论文，并有3篇在外国数学期刊上发表。

作为一名学者，熊庆来自早期从事教育工作起，就把培育人才当作头等大事。自早年从事教育工作起直到晚年，熊庆来亲手创建了近代中国三所大学的数学系，桃李满天下，如数学家许宝騄、段学复、庄圻泰，物理学家严济慈、赵忠尧、钱三强、赵九章，化学家柳大纲等均是他的学生。他在70多岁时还抱病指导了杨乐和张广厚两位年轻的数学家。

熊庆来是中国现代数学先驱，是中国函数论的开拓者，建树颇丰，并以“熊氏无穷数”理论载入世界数学史册；倡导“科学救国”，执掌云南大学12年，撑起了中国高等教育的西南角，对于完善近代中国的高等教育布局意义重大；惜才爱才，诲人不倦，桃李满天下，一大批照耀中国科学史的名人都曾受教于熊先生。

五、东方近代第一几何学家——苏步青

苏步青，是我国近代数学的主要奠基人之一，是国际公认的几何学权威、中国微分几何学派创始人。

苏步青在研究生期间发现的四次（三阶）代数锥面被学术界誉为“苏锥面”，后在“一般空间微分几何学”和“计算几何”等方面都取得了世界公认的成就。他还证明了闭拉普拉斯序列和构造，被世界学术界誉为“苏链”。他的研究成果“船体放样项目”“曲面法船体线型生产程序”分别荣获全国科学大会奖和国家科技进步二等奖。

苏步青先后培养近100名研究生，有8人被选为中国科学院院士。在复旦大学数学研究所，苏步青更有谷超豪、胡和生与李大潜三位院士高足，形成三代四院士共事的可喜现象。

六、中国近代数学的开拓者——华罗庚

在中国现代数学发展之路上，有一位抱定“战士死在沙场幸甚”的开拓者，他就是华罗庚。

华罗庚是中国解析数论、典型论、矩阵几何学、自守函数论与多个复变函数论等很多方面研究的创始人与奠基者。

1910年，华罗庚出生于江苏省金坛县的一个贫苦家庭。父亲开了一个小杂货店，艰难谋生。由于家庭贫寒，交不起学杂费，华罗庚15岁那年就离开学校，失学了。

华罗庚从小聪明好学，爱动脑筋，因思考问题过于专心常被同伴们戏称为“罗呆子”。他进入金坛县立初中后，其数学才能被老师王维克发现，并尽心尽力予以培养。

就在华罗庚18岁那年，王维克老师当上了金坛县中学的校长。王校长爱惜人才，把华罗庚请到学校当会计兼做事务工作。

19岁那年，华罗庚借了一本杂志，名叫《学艺》。这本杂志刊登了一篇由苏家驹

教授撰写的文章《代数的五次方程式之解法》。通过阅读与思考，华罗庚发现文章中存在着错误。于是，华罗庚写了一篇逻辑严谨、说理充分的文章，经王维克过目与修改后，寄给了上海的《科学》杂志。文章一发表，就引起了当时不少人的重视。

当时，清华大学数学系主任熊庆来看到了这篇文章，得知这篇文章的作者是一位仅有初中毕业文凭的金坛县初中的青年，更是感到震惊。他看出了华罗庚的才华，马上给金坛中学写信，请华罗庚到清华大学工作。

在清华大学，华罗庚当上了一名助理员，主要职务是管理数学系的图书、收发公文、代领文具、绘制图表等。这样，他可以利用工作之余读书、听课。他只用一年半的时间就修完了大学课程，用4个月的时间自学了英语，并能达到读英语数学文献的水平。另外，他还自修了德文。他写的3篇论文，先后在国外数学杂志上发表。不久，他这位只有初中学历的人被聘为清华大学的教师。

华罗庚一共上过9年学，只有一张初中毕业文凭，却成了蜚声中外的杰出数学家。他的格言“天才在于积累，聪明在于勤奋”披露了这一成功的秘诀。他提出的“树老易空，人老易松，科学之道，戒之以空，戒之以松”的箴言是值得后人铭记的。

七、在喜马拉雅山山巅上行走的人——陈景润

陈景润是中国现代数学家，在20世纪50年代即对高斯圆内格点问题、球内格点问题、塔里问题与华林问题的以往结果，作出了重要改进。20世纪60年代后，他又对筛法及其有关重要问题进行了广泛深入的研究。

1966年，屈居于6平方米小屋的陈景润，耗去了几麻袋的草稿纸，攻克了世界著名数学难题哥德巴赫猜想中的“1+2”，创造了距摘取这颗数论皇冠上的明珠“1+1”只一步之遥的辉煌。他证明了“每个大偶数都是一个素数及一个不超过两个素数的乘积之和”，在哥德

巴赫猜想的研究上居世界领先地位。这一结果被国际上誉为"陈氏定理"，受到广泛征引。

世界级的数学大师、美国学者阿·威尔曾这样称赞他："陈景润的每一项工作，都好像是在喜马拉雅山山巅上行走。"

八、注定要改变数学面貌的人——丘成桐

丘成桐，国际数学大师，著名华人数学家，证明了卡拉比猜想，以他的名字命名的卡拉比-丘流形，是物理学中弦理论的基本概念，对微分几何和数学物理的发展作出了重要贡献。

丘成桐19岁入读美国伯克利大学。这期间，他证明了卡拉比猜想、正质量猜想，开创了一个崭新的领域——几何分析。

1981年，32岁的丘成桐获得了美国数学会的维布伦奖，这是世界微分几何界的最高奖项之一。1983年，他被授予菲尔兹奖章，这是世界数学界的最高荣誉，成为第一位获得这项被称为"数学界的诺贝尔奖"的华人。1994年，他又荣获了克拉福德奖。除此之外，他还获得过美国国家科学奖章和加利福尼亚州最优秀的科学家的称号，是美国科学院院士、哈佛大学名誉博士、中国科学院外籍院士……

第二节　西方著名数学大家

一、推理几何学的鼻祖——泰勒斯

几何学发源于古埃及，当时主要是人们在测量长度、确定距离、估计面积与体积等实践活动中产生的实验几何学。

公元前7世纪时，泰勒斯到埃及经商，掌握了埃及几何学，并将其传回希腊。那时，希腊社会安定，经济繁荣，人类对仅仅知道“如何”之类的问题已不满足，他们还要穷究“为何”，于是，演绎推理方法应运而生，以泰勒斯为首的爱奥尼亚学派将几何学由实验几何学发展为推理几何学。

关于泰勒斯的学术生平虽然没有确切的可靠材料，但下述五个命题的发现应归功于泰勒斯。

（1）圆被任一直径二等分。

（2）等腰三角形两底角相等。

（3）两条直线相交，对顶角相等。

（4）如果两个三角形有一条边和这条边上的两个角对应相等，则这两个三角形全等。

（5）内接于半圆的角是直角。

泰勒斯的重要贡献不仅仅在于他发现了上述命题，更重要的是他提供了某种逻辑推理方法。这样，泰勒斯成为第一个在数学中运用证明的人，他的贡献是数学发展史上的一个里程碑。

二、几何之父——欧几里得

欧几里得是古希腊著名数学家，被称为"几何之父"。除了《几何原本》，他还著有《已知数》《纠错集》《圆锥曲线论》《曲面轨迹》《观测天文学》等。遗憾的是，除了《几何原本》以外，这些著作都没有流传下来，而是消失在历史的长河之中了。

欧几里得的伟大贡献在于他汇集了前人的成果，他把泰勒斯时代以来积累的数学知识进行了系统的整理，把两个半世纪的研究成果编纂成为一本著作——《几何原本》，使几何学成为一门独立的、演绎的科学。

欧几里得采用了独特的、前所未有的编写方式。首先，他对公理和公设做了适当的选择，这是非常困难的工作，需要超乎寻常的判断力和洞察力，推导出一系列令人钦佩的简洁而精致的定理。然后，他仔细地将这些定理做了适当地组织与安排，形成了比较完整的知识体系。其逻辑性非常强，几乎无须改进。

在训练人的逻辑推理思维方面，《几何原本》是一个十分杰出的典范。人们接受了欧几里得《几何原本》的思想，并把它作为数学知识的基础。牛顿的《数学原理》一书就是按照与《几何原本》的"几何学"类似的形式写成的。从那之后，西方的科学家都在模仿欧几里得的方式，说明他们的结论是如何从最初的几个假设逻辑地推导出来的，数学家罗素、怀特海以及一些哲学家如斯宾诺莎都是如此。

如今，数学家们已经认识到欧几里得的几何学并不是能够设计出来的唯一的一种内在统一的几何体系。在过去的150年间，人们已经创立出许多非欧几里得几何体系。自爱因斯坦的广义相对论被接受以来，人们已经认识到，在现实的宇宙中，欧几里得的几何学并非总是正确的。例如，在黑洞和中子星的周围，引力场极强。在这种情况下，欧几里得的几何学无法准确地描述宇宙的情况。但是，这些情况是相当特殊的。在大多数情况下，欧几里得的几何学能够给出非常接近现实世界的结论。

欧氏几何现在仍广泛地应用于科学研究和生产实践之中，也是中学生必学的一门科学知识。

三、数学之神——阿基米得

古希腊伟大的数学家、力学家阿基米得出生在意大利南端西西里岛的叙拉古（今意大利锡拉库萨），11岁时被送到古希腊文化中心亚历山大里亚城学习。

亚历山大里亚城位于尼罗河口，是当时文化贸易的中心之一。这里有雄伟的博物馆、图书馆，而且人才荟萃，被世人誉为“智慧之都”。阿基米得在这里学习和生活了许多年，曾跟很多学者密切交往。他在学习期间对数学、力学和天文学产生了浓厚的兴趣。在他学习天文学时，发明了用水力推动的星球仪，并用它模拟太阳、行星和月亮的运行及表演日食和月食现象。为解决用尼罗河水灌溉土地的难题，他发明了圆筒状的螺旋扬水器，后人称它为“阿基米得螺旋”。

公元前240年，阿基米得回叙拉古，做了赫农国王的顾问，帮助国王解决生产实践、军事技术和日常生活中的各种科学技术问题。

公元前212年，古罗马军队攻陷叙拉古，正在聚精会神研究几何问题的阿基米得不幸被蛮横的罗马士兵杀死，终年75岁。阿基米得的遗体葬在西西里岛，墓碑上刻着一个圆柱内切球的图形，以纪念他在几何学上的卓越贡献，并享有“数学之神”的称号。

毫无疑问，阿基米得是古代希腊文明所产生的最伟大的数学家及科学家之一，他在诸多科学领域所作出的突出贡献，为他赢得了世人的高度尊敬。

阿基米得在力学方面的成绩最为突出。在总结了关于埃及人用杠杆来抬起重物的经验的基础上，阿基米得系统地研究了物体的重心和杠杆原理。他提出了精确地确定物体重心的方法，指出在物体的中心处支起来就能使物体保持平衡。他在研究机械的过程中，发现并系统证明了阿基米得原理（即杠杆定律），为静力学奠定了基础。此外，阿基米得利用这一原理设计制造了许多机械。他在研究浮体的过程中发现了浮力定律，也就是有名的阿基米得定律。

阿基米得的数学成就在于，他既继承和发扬了古希腊研究抽象数学的科学方法，又使数学的研究和实际应用联系起来。

阿基米得确定了抛物线弓形、螺线、圆形的面积以及椭球体、抛物面体等各种复杂几何体的表面积和体积的计算方法。在推演这些公式的过程中，他创立了"穷竭法"，类似于现代微积分中所说的逐步近似求极限的方法。

他是科学地研究圆周率的第一人，提出用圆内接多边形与外切多边形边数增多、面积逐渐接近的方法求圆周率，求出圆周率大小范围为$223/71<\pi<22/7$。

面对古希腊繁冗的数字表示方式，阿基米得还首创了记大数的方法，突破了当时用希腊字母计数不能超过一万的局限，并用它解决了许多数学难题。

四、数学家之英雄——欧拉

欧拉出生于瑞士，在大学时受到著名教授伯努利及其家族的影响，阅读了不少数学家的原著，17岁获得硕士学位，18岁开始发表数学论文，26岁成为数学教授、科学院院士。

他一生论著数量巨大，涉猎面广，开创性成果多，发表论文和著作500多篇（部），加上生前未及出版和发表的手稿共886篇（部）之多，在数学的各领域及物理学、天文学、工程学中留下了不计其数的数学公式、数学定理，如欧拉常数、欧拉恒等式、欧拉级数、欧拉积分、欧拉微分方程、欧拉准则、欧拉变换、欧拉坐标、欧拉求积公式、欧拉方程、欧拉刚体运动方程、欧拉流体力学方程等。

欧拉有坚忍的毅力和勤奋刻苦的拼搏精神。28岁时，他为了计算彗星的轨迹，奋战三天三夜，因过度劳累，患了眼疾，使右眼失明。之后，他回到俄国彼得堡工作，左眼也很快视力减退。他深知自己将会完全失明，没有消沉和倒下，而是抓紧时间在黑板上疾书自己发现的公式，或口述其内容，让人笔录。他双目失明后，寝室不幸失火，所有的专著和手稿都被烧毁了。后来，妻子又病故了。他在所有这些不幸面前没有退缩，而是以非凡的毅力继续拼搏，以罕见的记忆力和心算能力继续研究，让人笔录。在双目失明的17年中，他口授了400篇论文和若干本书，包括经典名著《积分学原理》《代数基础》。

欧拉学识渊博，品德高尚，非常注重培养与选拔人才。当时19岁的拉格朗日把自己对“等周问题”的研究成果寄给他，他发现其解决问题的方法与自己的不同，立即热情地给予赞扬，并决定暂不发表自己的成果，使年轻的拉格朗日先后两次荣获巴黎科学院的科学奖。后来，他又推荐拉格朗日代替自己任科学院物理数学所所长。

法国著名的数学家、天文学家拉普拉斯曾多次深情地说：“读读欧拉，他是大家的老师。”欧拉的这种精神至今仍值得年轻人学习。

五、数学王子——高斯

高斯是德国数学家、物理学家和天文学家，出生于一个贫苦家庭。

在全世界广为流传的一则故事说，高斯10岁时算出老师给学生们出的将1到100的所有整数加起来的算术题，老师刚叙述完题目，高斯就算出了正确答案。不过，这很可能是一个不真实的传说。据对高斯素有研究的著名数学史家E.T.贝尔考证，老师当时给孩子们出的是一道更难的加法题：81297+81495+81693+…+100899。

当然，这也是一个等差数列的求和问题（公差为198，项数为100）。当老师刚写完题目时，高斯也算完并把写有答案的小石板交了上去。E.T.贝尔写道，高斯晚年时经常喜欢向人们谈论这件事，说当时只有他写的答案是正确的，而其他孩子们都错了。高斯没有明确地讲过，他是用什么方法那么快就解决了这个问题。数学史家们倾向于认为，高斯当时已掌握了等差数列求和的方法。一个年仅10岁的孩子，能独立发现这一数学方法很不平常。

高斯的学术成就历来为人们所推崇，有"数学王子""数学家之王"的美称，被认为是人类有史以来"最伟大的三位（或四位）数学家之一"，被赞美为"人类的骄傲"。

高斯的研究领域，遍及纯粹数学和应用数学的各个领域，并且开辟了许多新的数学领域，从最抽象的代数数论到内蕴几何学，都留下了他的足迹。从研究风格、方法乃至所取得的具体成就方面，他都是18世纪和19世纪之交的中坚人物。如果我们把18世纪的数学家想象为一系列的高山峻岭，那么最后一个令人肃然起敬的巅峰就是高斯；如果把19世纪的数学家想象为一条条江河，那么其源头就是高斯。

六、最后一位数学全才——庞加莱

庞加莱出生于法国，自幼就患有一种奇怪的运动神经系统疾病，写字和绘画都很困难。在5岁时，他又患上了严重的白喉病，致使语言能力发展缓慢，视力也受到严重损害。所幸的是，他有一位有才华、有教养的母亲，使他从小受到良好的家庭教育。由此，庞加莱的天资通过家庭教育和自我锻炼开始显露出来。上课时看不清老师的板书，无法记录，他就全神贯注地听讲，用心记在脑子里。

1873年，19岁的庞加莱参加了巴黎综合工科学校的入学考试，那是一所以刻板的考试而闻名世界的学校。这时，庞加莱的数学才能已崭露头角，考官们为了试探一下他的能力，有意把考试时间推延了45分钟，专门为他精心设计了几道数学难题。没想到，这个貌不惊人的年轻人没有动笔，在脑袋里就轻松地完成了运算。当他报出答案时，时间之短暂，方法之巧妙，令主考老师们在瞠目结舌之余欣喜若狂。尽管庞加莱的绘画能力很差，在几何作图题上得了零分，但惜才的主考官们经过激烈讨论，最终打破惯例，破格给出了第一名的成绩并录取了他。

大学期间，庞加莱对数学更加痴迷。通过勤奋的思索钻研，1878年，他的一篇“异乎寻常”的关于微分方程一般解的论文，使得法兰西科学院的教授们惊叹不已。随后，他被法国科学院授予数学博士学位。之后，他被巴黎大学聘为教授，讲授力学和实验物理学课程，从此开始了他作为职业数学家的科学生涯。

庞加莱反应机敏，擅长讨论，敏捷的思维犹如泉涌，撰写论文快似行云流水，几万字的学术论文可以在脑子里很快构思完成，书写出来无须修改一字。更为难得的是，他的研究和贡献涉及数学的各个分支，如函数论、代数拓扑学、阿贝尔函数和代数几何学、数论、微分方程、数学基础等，当代数学研究的不少课题都可溯源至他的工作。

20世纪以来，数学的发展日新月异，进入了多学科、高难度的现代阶段，一个杰出的数学家能精通一个或几个数学分支就已经非常了不起了，而能够通晓几乎所有数学领域的数学家更是凤毛麟角。当今数学家要想在数学的四个基本领域——算术、代数、几何和分析都取得庞加莱那样的第一流研究成果已经不太可能。从20世纪开始，数学界只承认“两个半”真正意义上的全能数学家，第一个就是庞加莱，另一个是冯·诺依曼，那半个指的是希尔伯特，可见庞加莱在数学界的崇高地位，所以称他是一位可以和19世纪“数学之王”高斯相媲美的数学大师毫不为过。事实上，庞加莱不仅在数学领域有着非凡贡献，而且在天体力学、物理学和科学哲学等领域也有杰出成就，所以被数学史权威评价为“对数学和它的应用具有全面知识的最后一个数学全才”。

第八章 实至名归
——数学大奖

评价重大成就，表彰卓越人物。

为了奖励那些为数学发展而作出重大贡献的数学家，世界各国的数学会、政府和各类基金会设立了各类数学奖。这些数学大奖，一方面用来评价数学研究中的重大成就，另一方面用来表彰对数学作出重大贡献的卓越人物。

获得这些数学奖，对数学家来说是一种莫大的荣耀，使他们更能全身心地投入数学研究，取得更大的成就。这些数学奖在推动数学发展和人类文明进步方面起到了不可低估的作用。

第一节 中国数学会三大奖

一、华罗庚数学奖

华罗庚是我国著名的数学家，他热爱祖国，献身科学事业，为发展我国的数学事业和培养人才作出了卓越贡献。为了缅怀华罗庚，奖励我国数学家在发展我国数学事业中作出的突出贡献，促进我国数学事业的发展，中国数学会与湖南教育出版社决定设立华罗庚数学奖，并共同主办。

华罗庚数学奖于1991年设立，旨在奖励我国有杰出学术成就和社会贡献的50岁以上的资深数学家，每两年评选一次，由热心于发展我国数学事业的湖南教育出版社捐资，由中国数学会负责评奖与颁奖工作。中国数学会常务理事会决定组成评奖委员会，其成员由本会正副理事长、秘书长和个别专家组成。评奖委员会随中国数学会理事会换届而换届（四年一届）。

华罗庚，江苏省常州市金坛市人，是中国解析数论、矩阵几何学、典型群、自守函数论与多元复变函数论等多方面研究的创始人和开拓者，也是我国在世界上最有影响的数学家之一。国际上以华氏命名的数学科研成果有华氏定理、怀依－华不等式、华氏不等式、华氏算子、华－王方法等。

二、陈省身数学奖

华裔美籍数学家、中国科学院外籍院士陈省身是一位国际数学大师，非常关心我国数学事业的发展，几十年来在发展我国的数学事业、培养数学人才等方面作出了卓越贡献。

为了肯定陈省身的功绩，激励我国中青年数学工作者为发展我国数学事业作出贡献，中国数学会常务理事会决定设立陈省身数学奖，奖励在数学领域有突出成果的我国中青年数学家。由热心于发展我国科学与教育事业的香港亿利达工业发展集团有限公司提出倡议并捐资，中国数学会负责评奖工作，于1986年设立，每届提名获奖者2人，每人奖金为2.5万元港币。

陈省身，出生于浙江省嘉兴市秀水县，美籍华人，国际数学大师、著名教育家、中国科学院外籍院士，“走进美妙的数学花园”创始人，20世纪世界级的几何学家。他在少年时代即显露出数学才华，在其数学生涯中，几经抉择，努力攀登，终成辉煌。他在整体微分几何方面的卓越贡献影响了整个数学的发展，被杨振宁誉为继欧几里得、高斯、黎曼、嘉当之后又一里程碑式的人物。陈省身在晚年时情系故园，每年回南开大学陈省身数学研究所主持工作，培育新人。

陈省身曾先后任教于西南联合大学、芝加哥大学和加州大学伯克利分校，是美国国家数学科学研究所、南开大学陈省身数学研究所的创始所长，培养了包括廖山涛、吴文俊、丘成桐、郑绍远、李伟光等在内的著名数学家，其中丘成桐是取得国际数学联盟菲尔兹奖的第一个华人，也是继陈省身之后第二个获沃尔夫奖的华人。

三、钟家庆数学奖

钟家庆主要从事复分析、微分几何的研究。1956年，他考入北京大学数学力学系数学专业。1962年，他考入中国科学院数学研究所，成为华罗庚的研究生，专门从事复变函数的研究。毕业后，他先后任教于中国科技大学和清华大学。

后来，钟家庆任中国科学院数学研究员，并任函数论研究室主任，为博士生导师，是我国屈指可数的优秀数学家，与杨乐、张广厚等同为数学界之中年精英。

钟家庆长期在中国科学院数学研究所和其他大学讲课，指导研究生，三次应邀赴美，在斯坦福大学、普林斯顿高等研究院、哈佛大学、哥伦比亚大学从事研究与交流工作。

1987年2月，钟家庆以最高评分荣获首届陈省身数学奖。

钟家庆对我国数学事业的发展极其关切，并为之拼搏一生。他曾多次表示，数学事业的发展有赖积极培养与选拔优秀的年轻数学人才，他殷切希望在我国建立基金以奖励优秀的青年数学家。为了纪念钟家庆并实现他的遗愿，我国数学界的有关人士和一些在美华裔数学家于1987年共同筹办了钟家庆基金，并设立了钟家庆数学奖，委托中国数学会承办，用以表彰与奖励最优秀的数学专业的硕士研究生、博士研究生，鼓励更多的年轻学者献身于数学事业，使我国的数学研究工作后继有人。

第二节　国际数学家大会四大奖

在德国数学家联合会主席康托尔的积极努力下，首届国际数学家大会于1897 年在瑞士苏黎世召开。自1900年在巴黎召开了第二次会议后，国际数学家大会每四年举行一次，但后因第二次世界大战而停办。1950年，国际数学联盟成立，国际数学家大会的传统才得以恢复。现在，国际数学家大会中最令人瞩目的要事之一便是开幕式上颁发的四大奖项：菲尔兹奖、奈望林纳奖、高斯奖和陈省身奖。

一、菲尔兹奖

诺贝尔奖只设有物理、化学、生物或医学、文学、和平事业五个类别（1968年又增设了经济学奖），而没有数学这个科学之王的份额，使得数学这个重要学科失去了在世界上评价其重大成就和表彰其卓越人物的机会。菲尔兹奖正是在这种背景下而设立的国际性数学大奖。

菲尔兹奖是国际数学家联合会主持评定的，在四年召开一次的国际数学家大会上颁发。这个数学大奖的权威性、国际性以及所享有的荣誉都不亚于诺贝尔奖，因此被世人誉为“数学中的诺贝尔奖”。菲尔兹奖从1936年起开始颁发，随后成为最著名的世界性数学奖。

菲尔兹奖是以已故的加拿大数学家约翰·查尔斯·菲尔兹的名字命名的。菲尔兹出生于加拿大渥太华，曾任美国阿勒格尼学院和加拿大多伦多大学教授。

菲尔兹于1907年当选为加拿大皇家学会会员，此外还被选为英国皇家学会、苏联科学院等许多科学团体的成员。菲尔兹强烈地主张数学的发展应是国际性的，对于数学国际交流的重要性、对于促进北美洲数学事业的发展都抱有独特的见解，并满腔热情地作出了很大的贡献。为了使北美洲数学事业迅速发展，他第一个在加拿大推进研究生教育，全力筹备并主持了1924年在多伦多召开的国际数学家大会（这是在欧洲之外召开的第一次国际数学家大会）。

正是这次大会使他过分劳累，从此菲尔兹的健康状况再也没有好转，但这次大会对于促进北美数学事业的发展和数学家之间的国际交流产生了深远的影响。当得知这次大会的经费有结余时，他就萌发了把它作为基金设立一个国际数学奖的念头。随后，他为此积极奔走于欧美各国谋求广泛支持，并打算于1932年在苏黎世召开的第九次国际数学家大会上亲自提出建议。但不幸的是，未等到大会开幕，他就去世了。菲尔兹在去世前立下了遗嘱，把自己留下的遗产加到上述剩余经费中，由多伦多大学数学系转交给第九次国际数学家大会，大会立即接受了这一建议。

菲尔兹本来要求奖金不要以个人、国家或机构的名字来命名，而用"国际奖金"的名义。但是，参加国际数学家大会的数学家们，为了赞许和缅怀菲尔兹的远见卓识、组织才能和他为促进数学事业的国际交流所表现出的无私奉献的伟大精神，一致同意将该奖命名为菲尔兹奖。

菲尔兹奖是一枚金质奖章和1500美元的奖金。奖章由加拿大雕塑家罗伯特·泰特·麦肯齐设计，正面是阿基米得的浮雕头像，并刻有意为"阿基米得的（头像）"的希腊字母，还有设计者的花押字和意为"超越人的精神，作宇宙的主人"的拉丁文。奖章背面刻有意为"聚集自全球的数学家，为了杰出工作颁发（奖项）"的拉丁文，背景为球体嵌进圆柱体内。

菲尔兹奖评委会由国际联数学盟执行委员会挑选，一般由国际数学联盟主席担任评委会主席。评委会会挑选至少两名能代表数学各个领域的菲尔兹奖得主。菲尔兹奖对于获奖者的要求中有一条规定：获奖人必须在当年的元旦之前未满40岁。

菲尔兹奖的授奖仪式在每次国际数学家大会开幕式上隆重举行，先由执委会主席宣布获奖名单。接着，由东道国的重要人物（当地市长、所在国科学院院长、国王、总统、主席）或评委会主席、众望所归的著名数学家授予奖章和奖金。最后，由一些权威数学家分别、逐一简要评价得奖人的主要数学成就。

在菲尔兹奖的评选和颁奖过程中，出现了几次特殊情况。

（1）菲尔兹奖在1936年挪威奥斯陆国际数学家大会上第一次颁发，其后，因第二次世界大战而中断，直到1950年在美国坎布里奇国际数学家大会上才颁发第二次奖。

（2）1966年，亚历山大·格罗滕迪克抵制在莫斯科举行的菲尔兹奖颁奖典礼，以抗议苏联在东欧的军事行动。

（3）1978年，格列戈里·亚历山德罗维奇·马尔古利斯受到苏联政府的限制，不能前往温哥华领奖。于是，雅克·蒂茨代他领奖，并致词：我很遗憾马尔古利斯缺席这届大会，相信很多人也一样。我只从他的工作认识他，然而从这城市的象征意义来看，我的确有理由希望最终可以会见这位我最尊敬和仰慕的数学家。

（4）本来在1982年于波兰华沙举行的大会，因为政局不稳定要延迟一年举行，得奖名单于那年较早时的国际数学联盟第九届会议宣布，于1983年颁发。

（5）1998年，安德鲁·怀尔斯由菲尔兹奖委员会主席尤里·马宁颁发菲尔兹奖第一个特别贡献奖，原因是当年怀尔斯已45岁，以表扬他证明了费马大定理。

（6）2006年8月22日，俄罗斯数学家格里戈里·佩雷尔曼获得菲尔兹奖，然而他并没有参加这次大会，并且拒绝接受菲尔兹奖。格里戈里·佩雷尔曼并不是第一次拒绝荣誉和奖项。1995年，他拒绝斯坦福大学等一批美国著名学府的邀请。1996年，他拒绝接受欧洲数学学会颁发的杰出青年数学家奖。

菲尔兹奖就奖金数目来说，与诺贝尔奖金相比可以说是微不足道，但它的地位如此崇高，原因有三：第一，它是由数学界的国际权威学术团体——国际数学联合会主持，从全世界一流青年数学家中评定、遴选出来的；第二，它是在每隔四年才召开一次的国际数学家大会上隆重颁发的，且每次一般只有两名获奖者，因此获奖的机会比诺贝尔奖还要少；第三，也是最根本的一条，是由于得奖人的出色才干赢得了国际社会的声誉，他们都是数学天空中升起的灿烂明星，是数学界的精英。

菲尔兹奖在当时并没有在世界上引起多大关注，连许多数学专业的大学生也未必知道这个奖，媒体也不报道获奖者及其业绩。然而，30年以后的情况就完全不一样了。每次国际数学家大会召开时，从国际上权威性的数学杂志到一般性的数学刊物，都争相报道获奖人物。菲尔兹奖的声誉不断提高，终于被人们确认：对于青年来说，菲尔兹奖是国际上最高的数学奖。20世纪伟大的数学家赫尔曼·外尔曾对1954年两位获奖者作出评价：他们“所达到的高度是自己未曾想到的……自己从未见过这样的明星在数学天空中灿烂升起……数学界为你们二位所做的工作感到骄傲”。

菲尔兹奖在2002年走进了中国，第24届国际数学家大会在北京举行，开幕式在人民大会堂举行，这是中国第一次主办国际数学家大会，也是发展中国家第一次主办这一大会。

美籍华人丘成桐因证明了卡拉比猜想、正质量猜想，在其33岁时于1982年获此大奖，并在2010年获另一国际大奖——沃尔夫奖。

二、奈望林纳奖

奈望林纳奖由国际数学联盟于1981年设立，用以奖励在信息科学方面有突出贡献的年轻数学家。它类似于菲尔兹奖，得奖者必须在获奖那一年不大于40岁。该奖包括一枚奖章和部分奖金，每四年一次，在国际数学家大会颁发，且获奖者的名字也会被刻在奖章的边轮。

奈望林纳奖是为了纪念芬兰最著名的数学家之一罗尔夫·奈望林纳，奈望林纳在函数论方面贡献卓著，并且在20世纪50年代开启了芬兰的计算机项目，因而奈望

林纳奖有“计算机科学中的诺贝尔奖”之称。

1982年，国际数学联盟接受赫尔辛基大学对该奖的资助，奖章正面为奈望林纳的头像以及文字“ROLF NEVANLINNA PRIZE”（奈望林纳奖）、很小的字符“RH 83”（示意此奖章由设计者 Raimo Heino 于1983 年首次铸造），反面的两个图案都和赫尔辛基大学有关，因为奈望林纳是赫尔辛基大学的教授，并曾任校长。

三、高斯奖

高斯奖由德国数学家联合会和国际数学联盟共同设立，以纪念“数学王子”高斯，主要用于奖励在应用数学领域如经济、技术乃至日常生活中有深刻影响的数学家。

高斯奖设立于2002年，并于2006年在马德里召开的第25届国际数学家大会上首次颁发。高斯奖包含一笔奖金和一枚奖章，奖金目前为一万欧元，资金来源于1998年在柏林召开的国际数学家大会会费的结余。

高斯奖章正、反图案均以数学中的基本元素来构图。正面勾勒出高斯的头像，并刻文“for Applications of Mathematics”（为应用数学），反面为一曲线、一点和一方框组成的图案，以表示高斯的伟大成就之一 ——以最小二乘法来确定行星的轨迹。

1801年元旦，意大利天文学家皮亚齐发现了后来被命名为谷神星的小行星。皮亚齐跟踪观测了40天后，由于谷神星运行至太阳背后而丢失，科学家们开始利用皮亚齐的观测数据来预测谷神星出现位置的竞赛。时年只有24岁的高斯运用最小二乘法理论，准确地预测了谷神星的轨迹。同年年底，天文学家在很接近高斯预测的位置上重新发现了谷神星。

四、陈省身奖

国际数学联盟于2009年6月2日宣布设立陈省身奖，纪念已故的微分几何之父、南开大学陈省身数学研究所创始人陈省身。陈省身生前曾三次应邀在国际数学家大会上发表学术演讲，并促成大会首次在中国举办。这是国际数学联盟麾下第一个以华人数学家命名的数学大奖。

国际数学联盟目前颁发的菲尔兹奖和奈望林纳奖均是颁予40岁以下的学者，而陈省身奖不设年龄限制。

陈省身奖旨在表彰终身成就卓越的数学家，获奖者将获得奖章和50万美元的奖金。50万美元的奖金，一半奖励给数学家本人，另一半则由获奖人捐助给一些支持数学研究、教育和其他活动的社会机构，以推动数学的发展。

陈省身奖章正面为时年73岁的陈省身头像，左为陈省身的中文签名，右为陈省身的英文签名，右边签名下方刻“1911—2004”，表明他的出生和去世年份。奖章反面为陈省身在1944年证明的广义高斯－博内定理（又名陈－高斯－博内定理）。

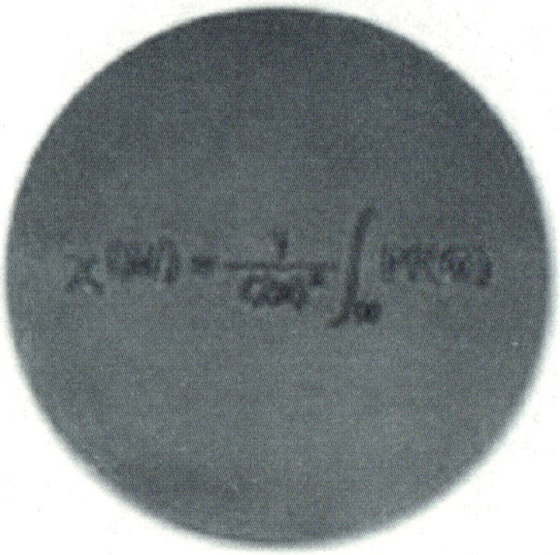

第三节　沃尔夫奖和阿贝尔奖

一、沃尔夫奖

沃尔夫奖由沃尔夫基金会颁发，该基金会于1976年在以色列创立，于1978年开始颁奖。通常是每年颁发一次，每个奖的奖金为10万美元，可以由几人分得。沃尔夫奖主要是奖励对推动人类科学与艺术文明作出杰出贡献的人士，每年评选一次，分别奖励在农业、化学、数学、医药和物理领域，或者艺术领域的建筑、音乐、绘画、雕塑四大项目之一，取得突出成绩的人士。沃尔夫奖具有终身成就性质，是世界最高成就奖之一。

1975年，沃尔夫以“为了人类的利益促进科学和艺术”为宗旨，发起成立沃尔夫基金会，征得沃尔夫家族成员捐赠的基金共1000万美元。由董事会（由5名沃尔夫家族成员组成）和理事会（由以色列文化教育部长负责，若干名以色列学者和官员组成）领导，下设评奖委员会，负责评奖事宜。评奖委员会由每个学科领域的3~5名学者组成，逐年更换。

沃尔夫数学奖获得者都是蜚声数坛、闻名遐迩的当代数学大师，他们的成就在相当程度上代表了当代数学的水平和进展。

沃尔夫数学奖与菲尔兹奖、阿贝尔奖并称数学领域中的“三大诺贝尔奖”。

著名华人数学家陈省身于1984年获得沃尔夫奖，美籍华人吴健雄荣获1978年首次颁发的沃尔夫物理学奖，1991年我国台湾地区科学家杨祥发获沃尔夫农学奖，2004年“杂交水稻之父”袁隆平也获得了此殊荣，2004年美籍华人钱永健获得了沃尔夫医学奖，2010年丘成桐获沃尔夫数学奖，2011年美籍华人邓青云荣获沃尔夫化学奖。至此，除了在艺术领域，华人科学家在其余的五个领域都获得了沃尔夫奖。

二、阿贝尔奖

2001年，为了纪念挪威著名数学家阿贝尔诞辰200周年，挪威政府宣布将开始颁发此种奖金。自2003年起，一个由挪威自然科学与文学院的五名数学院士组成的委员会负责宣布获奖人，奖金额近80万美元。设立此奖的一个原因是诺贝尔奖中没有数学奖项。

ABEL
PRISEN

挪威财政部在2001年拨款2亿挪威克郎（约合2200万美元）设立阿贝尔纪念基金，基金的收益将用于阿贝尔奖奖金、阿贝尔奖颁奖典礼和青少年数学教育活动。扩大数学的影响，吸引年轻人从事数学研究，则是设立阿贝尔奖的主要目的。

阿贝尔，1802年出生于挪威的一个农村家庭。他很早便显示出了数学方面的才华。16岁那年，他遇到了一个能赏识其才能的老师，介绍他阅读牛顿、欧拉、拉格朗日、高斯的著作。大师们不同凡响的创造性方法和成果，一下子开阔了阿贝尔的视野，他很快被推进到当时数学研究的前沿阵地。后来，他感慨地在笔记中写下这样的话：“要想在数学上取得进展，就应该阅读大师的而不是他们的门徒的著作。”

翻开近代数学的教科书和专门著作，阿贝尔这

个名字屡见不鲜：阿贝尔积分、阿贝尔函数、阿贝尔积分方程、阿贝尔群、阿贝尔级数、阿贝尔基本定理、阿贝尔极限定理等。很少有数学家能使自己的名字同近代数学中这么多的概念和定理联系在一起。特别是阿贝尔在五次方程和椭圆函数研究方面远远地走在了当时研究水平的前面，但因学术成果始终无法得到承认而贫病交加，27岁不到就染上肺结核去世。法国数学家埃尔米特曾感叹地说："阿贝尔所留下的思想，可供数学家们工作150年。"

第四节 世界上其他数学奖

奖项名称	颁发组织	奖项说明
晨兴数学奖	世界华人数学家大会	世界华人数学家大会最高奖，被誉为"华人菲尔兹奖"。晨兴数学奖主要表彰45岁以下、在理论及应用数学方面取得杰出成就的华人数学家。
爱尔特希奖	以色列数学联合会	由数学家爱尔特希捐赠而设立，奖励取得突出成果的以色列数学家。
安培奖	巴黎科学院	法国电气公司为纪念物理学家安培诞辰200周年而设立，奖励在纯粹数学、应用数学或物理学领域中研究成果突出的法国科学家。
奥斯特洛斯基奖	瑞士奥斯特洛斯基基金会	此奖系国际奖，由著名瑞士数学家奥斯特洛斯基留下的遗产而建立，奖励在纯粹数学或数值分析的基础理论方面于前五年中有突出成就的数学家。
巴尔扎恩奖	巴尔扎恩国际基金会	由意大利日报业巨头巴尔扎恩捐资成立的巴尔扎恩国际基金会提供资金支持和管理，主要奖励在文学、物理学、数学与自然科学、医学等学科获得成就的个人或机构。
贝维克奖	伦敦数学会	此奖分初级与高级两等，分别奖励青年数学家和资深数学家的成就。

（续表）

奖项名称	颁发组织	奖项说明
伯格曼奖	美国数学学会	由伯格曼信托基金设立，奖励在核函数理论及其在实分析与复分析中的应用、函数理论方法在椭圆型偏微分方程中的应用，特别是在伯格曼算子方法方面的成果。
伯克霍夫应用数学奖	美国数学学会、美国工业与应用数学学会	每五年颁奖一次，奖励在应用数学领域有突出贡献者。
博谢纪念奖	美国数学学会	为纪念美国早期分析几何学家博谢而设立，每五年颁奖一次，奖励过去五年内在分析学方面值得注意的研究成果。
波利亚奖	美国数学学会、美国工业与应用数学学会	奖励在组合论的应用方面于过去5至10年间有杰出贡献者。
布劳威尔奖	荷兰数学会	为纪念荷兰数学家布劳威尔而设立，奖励在布劳威尔原来感兴趣的数学领域中有突出成果者。
摩根奖	美国数学学会、美国数学协会、美国工业与应用数学学会	授予在数学研究方面表现出色的美国、加拿大和墨西哥大学生。
第三世界科学院科学奖	第三世界科学院	主要是为了奖励在基础科学方面取得杰出成就的发展中国家的科学家，设有物理、化学、数学、生物学和基础医学五项奖，每年颁发一次，还设有发展中国家青年科学家奖，也是每年授奖一次。
费萨尔国王国际科学奖	费萨尔国王基金会	由费萨尔国王基金会设立，世界各国的学术机构、组织都可提出受奖候选人。费萨尔国王国际科学奖轮流颁发给数学、化学、生物学和物理学领域有突出贡献者，每年一个学科。
费希尔奖	美国统计学会	为纪念现代统计科学的奠基人费希尔而设立，奖励在统计科学与科学研究中有重大意义的统计方法等方面有杰出成就的统计学家。
福特奖	美国数学协会	为纪念美国数学协会前主席、《美国数学月刊》前主编福特而设立，奖励发表在《美国数学月刊》上的高水平文章的作者。

（续表）

奖项名称	颁发组织	奖项说明
美国国家科学奖	美国国家科学基金会	由美国国会设立，奖励在物理、生物、数学、工程、行为或社会科学等领域有杰出贡献的个人，由美国总统授奖。
洪堡奖	德国洪堡基金会	由联邦德国政府设立，目的是促进德美两国的各机构之间的合作。受奖者必须是在数学、物理、化学、生物学、医学、工程学、计算机和地球学等领域的科研和教学中有国际声望的人。
皇家奖章	英国皇家学会	又称为女皇奖章，每年颁发三枚奖章，在1837年将数学纳入可以获奖的学科。
柯尔代数奖、数论奖	美国数学学会	为纪念为数学学会服务25年的柯尔而设立，五年颁发一次，奖励在代数与数论领域作出成果者。
克拉福德奖	瑞典皇家科学院	由瑞典银行家克拉福德捐资设立，目的是促进瑞典和世界其他地区的基础科学研究，奖励诺贝尔奖没有覆盖的领域中的优秀科学工作者，于1982年首次为数学学科颁奖。
科普利奖章	英国皇家学会	由科普利爵士捐资设立，每年颁发一次，奖励在与此奖相称的研究工作中取得突出成就者。
罗巴切夫斯基奖	俄罗斯科学院	喀山数学物理学会为纪念非欧几何创始人罗巴切夫斯基诞辰100周年而设立，奖励在非欧几何发展中有重大贡献的数学家。
卡蒂奖章	美国全国科学院	由美国电话电报公司前副总裁卡蒂设立，奖励在学术领域有杰出成就的人。
美国全国科学院数学奖	美国全国科学院	在美国数学学会成立100周年时，美国数学学会与美国工业与应用数学学会共同设立此奖，每四年颁发一次，奖励过去十年内发表杰出数学研究成果的作者。
美国全国科学院应用数学与数值分析奖	美国全国科学院	此奖由国际商用机器公司（IBM）出资设立，每三年颁发一次，奖励在应用数学与数值分析两方面的杰出工作者。
塞勒姆奖		每年颁奖一次，奖励在塞勒姆感兴趣的领域，主要在傅里叶分析及相关问题上有贡献的青年数学家。

（续表）

奖项名称	颁发组织	奖项说明
施耐德奖	国际线性代数学会	每三年颁奖一次，奖励在线性代数领域作出高水平的研究工作及成就者。
斯蒂尔奖	美国数学学会	由斯蒂尔捐资设立，每年颁发一个或几个奖，奖励突出的已发表的数学研究成果，特别是评注性的和覆盖面广的数学论文作者。
图灵奖	美国计算机学会	奖励在计算机领域作出重要且持久的技术性贡献的人。
维布伦几何奖	美国数学学会	奖励在几何或拓扑领域作出重要研究成果的人。
威尔克斯纪念奖章	美国统计协会	奖励对统计理论或技术发展有贡献的个人。
沃特曼奖	美国国家科学基金会	美国国家科学基金会在庆祝基金会成立25周年时设立，以纪念该基金会第一代主任沃特曼，授予在自然科学、数学和工程学前沿的杰出青年科学家。
西尔维斯特奖章	英国皇家学会	为纪念英国皇家学会会员、英国著名数学家西尔维斯特而设立，奖励在数学研究中获突出成果者。
谢尔·蒂博尔纪念奖章	匈牙利亚诺什·波尔约数学学会	奖励在研究工作中把青年引入科学活动方面有突出贡献者。
查文尼特奖	美国数学协会	主要奖励协会会员感兴趣的、具有重要阐述性或综述性文章的作者。